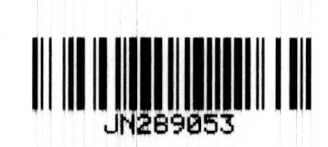

四季の
ハーブ
ガーデン

育てて楽しむ香りの暮らし

北川 やちよ 著

自然派
ライフ

農文協

HERBS

四季のハーブガーデン

もくじ

PART 1
香りの庭
ハーブガーデン
をつくろう

1 ハーバルライフの楽しみ

1 ハーブの香りに包まれた暮らしへのご招待

庭仕事の合間にハーブティーで一服するとき、さまざまなハーブの香りを含んだなんとも心地よい風が吹いていきます。

絹織物の産地、群馬県桐生市。大正時代から残るノコギリ屋根の絹織物工場を利用した芸術家たちの共同アトリエ「無鄰館《むりんかん》」に、私のハーブガーデンはあります。香りあふれる暮らしにあこがれて、ここでハーブを育てはじめてから20年。今では、ハーブのない暮らしなんて考えられない、と思えてくるほどハーブガーデンは生活の中心になりました。

庭には自然に人が集い、それぞれの癒しに、また無鄰館のメンバーたちのコミュニケーションを円滑にするのにも役立っているようです。その日の庭にあるものを摘んでその場で調理し、クラフトも気軽に楽しんで暮らしのあらゆる場面で生かし、いつも家中がほのかな優しい香りに包まれています。庭を覆う香りのベールは植物たちにも恩恵を与えます。害虫を遠ざけ、お互いが助け合い、ハーブはもちろん、花や野菜も無農薬で丈夫に育ちます。

庭づくりは、とても長い時間がかかります。土づくり、タネまき、挿し芽、せん定、冬越し…。しかし、希望にあふれた、楽しい仕事です。毎朝庭に出てひとつひとつ香りを確かめ収穫しながら、蝶や虫を観察するのが日課です。喜んだりがっかりしたり、時には冷酷に、時には適当にの繰り返しで、辛抱強くもなれます。

ハーブガーデンを歩き、ハーブの手入れをするたびに香りが漂い、五感すべてが刺激されます。生きた植物たちからの自然な香りを直《じか》に感じる、これこそ本来のアロマテラピーだと私は思っています。香り成分だけを抽出したオイルを使う人工的なやり方とは、ひと味もふた味も違います。

本書では、ハーブを中心にした庭づくりから最低限の手入れ、季節ごとの料理活用法や簡単にできる香りのクラフトまで、四季折々、衣食住すべてに育てたハーブを活かすアイデアをご紹介します。気取らず力を抜いて付き合っていくうちに、いつの間にか暮らしにも香りがあふれ、あなたの心も体も生き生きしてくることでしょう。

2 香りある植物たちの魅力－ハーブと私との出会い

●アメリカ留学で“香りに魅せられる”

1965年春、私は単身アメリカに留学する機会を得ました。大きな期待と、それを上回る不安を抱えてピッツバーグの古びたアパートで暮らしはじめた私は、思いがけない差別と偏見にあい、全くの異文化の中で、わずか数行の父からの葉書に涙しました。

そんな心細い私の心を和ませてくれたのが､異国の香りでした。カフェテリアの食欲をそそる匂い、黒人専用路面電車の強烈な匂い、スパイスの効いたホットドックやフライドチキン…なかでも恩師の燻《くゆ》らす葉巻の匂いは格別でした。当時の私は、香りたちが創り出す温もりに知らず知らずのうちに支えられ、異国の暮らしになじんでいったのかもしれません。

留学当時のピッツバーグ市街

近所の子どもたちと一緒に丘でスケッチ

●帰国後、香りを求め続けて

日本に戻った後も、異国の体験は事あるごとに私の脳裏をかすめ、ふくらんでいきました。異国の温もりと居心地のよさをその香りに求めて、東京に行っては外国産の食品を手当たり次第買いあさり、高級ホテルのロビーに入っては、外国人客ばかりの異国風な空間と、彼らの燻らす葉巻の香りに酔いしれました。

無鄰館のハーブガーデンの中心、キッチンガーデンの製作風景。手づくりで少しずつ…。

基本の枠組みと植栽が完成。歩きやすさを工夫した丈夫で広いレンガの道が特徴。

●ついに、ハーブに出会う

結婚後、あわただしい日々を送り香りのことも忘れかけていたころ、偶然あるドイツ製の入浴剤を手にし、再び懐かしい香りに巡り会いました。その時、私にとって心地よく、たまらない魅力のある香りの源は「ハーブ」と呼ばれる植物だということを初めて知りました。

生のハーブの香りに触れてみたい、という願いが急速に高まり、ついに自分でもハーブを育てはじめました。そのころ（1980 年代前半）はハーブの情報は乏しく、植えてから初めて草丈や日当たりの好みがわかるほど…。

手当たり次第にタネや苗を手に入れては植え、100 種類ほどのハーブを試しました。場所を取りすぎたり用途のあまりないものは次第になくなり、今では育てやすく利用のしがいがあるもの、そして私好みの香りのハーブを 70 種類ほどにしぼっています。

●ハーブは一番気が合う友達

日々の生活のなかでは、ほとんど無意識のうちにハーブを使うようになりました。植物の香りは人工香料と違い、穏やかで飽きず、心休ませ、心弾ませてくれる私のパートナーです。今まで夫婦ともに大きな病気もせず健康そのものでこられたのも、ハーブのおかげだと実感しています。

1 ハーブの香りの秘密

●ハーブとは

「ハーブ」と呼ばれている植物は、一般に地中海沿岸地方を原産とする、香りがあり人間の生活に役立つ植物と定義されています。ハーブは薬草として何千年も前から使われ、神仏への捧げもの、ミイラつくり、また民間薬として人々の暮らしに根付いてきました。

しかし、地中海沿岸地方以外でも、世界中にそれぞれの国の気候風土に合った薬草・香り植物が古くから使われ、独特の文化を形成しています。「ハーブ」というと何かおしゃれな響きがありますが、日本人にとってのシソやショウガ、ヨモギなどのように、ヨーロッパの人たちにとっては身近で当たり前の薬味、薬草なのです。薬味、香草のレパートリーを増やす感覚で、気負わずどんどん使ってみると、意外に親しみやすく感じてくるでしょう。

フレッシュ&ドライ

ハーブは収穫したての生の状態（フレッシュ）と、パリパリになるまで乾燥させた状態（ドライ）で使います。フレッシュはみずみずしく爽やかな香りですがアクが強く、ドライはアクがなく保存がきき、香りも深みが増します。

●なぜ植物は香りを出すのか

植物たちの香りは、自らの種族保存に大きな役割を担っています。香り成分は植物の体内にある精油の中にあり、揮発性の高いたくさんの活性物質から成り立っています。成分の種類や含まれる割合によって、それぞれの固体が特有の香りをもっています。

精油には香りのほか、殺菌力、防カビ力、解毒力、耐寒性などさまざまな作用があり、さらに益虫を誘引し、有害生物や病原体などから植物体自身を守る働きをしています。通常、精油は特殊細胞の中や組織の間に蓄えられていますが、組織がなんらかの刺激で破壊されると揮発して同種の植物や、他の生物に危険を伝達するコミュニケーション機能も発揮します。

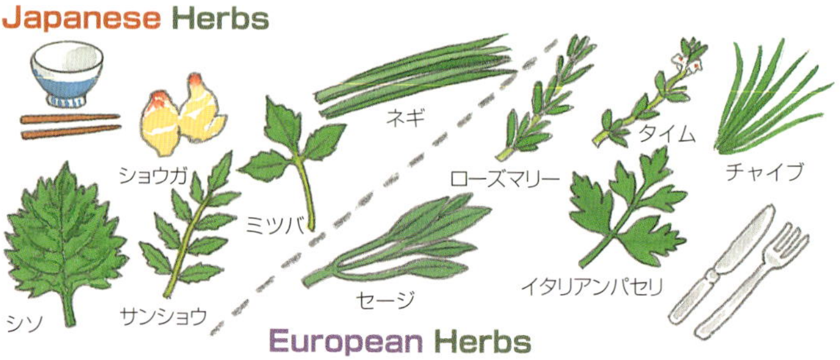

●ハーブを生活や医療に活かしてきた人間の知恵

人間は古代から植物や他の生物と共存し、豊かな恵みを共有してきました。自然と一体化した生活の中で、膨大な種類の植物から有用なものを選び出し、利用してきたのです。ハーブは科学的分析によって選ばれてきたわけではありません。小鳥や小動物が食べるもの、嫌がるものを観察しながら有用なものを経験的に選び抜いてきたのです。生贄《いけにえ》の羊から滴る脂から偶然に石鹸《せっけん》を発見したり、食べ残した獣肉は葉っぱで包めば保存できることも知りました。

植物の不思議な力は人から人へ伝承されてきましたが、現代医学が台頭すると次第に衰退していきます。しかし、環境問題や成人病、アレルギーなど現代特有の問題が出てくるなか、一部の部族や民族や国で伝承されてきた植物利用の知恵が、今再び注目を浴びています。インドのアーユルヴェーダ、中国の漢方医学、インディアンの民間療法などには、それぞれの文化圏のハーブを利用した薬草療法が取り入れられています。

一つの植物には、1000種にも及ぶ成分が含まれているといわれています。複数成分が一緒に存在することによって、薬効の相乗効果が発揮されます。西洋医薬品のようにはっきりとした作用ではありませんが、ハーブの作用は副作用がなく穏やかなのでハーバルライフは安心して楽しめます。病気の予防としても役立ち、自然の恵み、植物の存在のすばらしさを気づかせてくれます。

コラム　ヨーロッパで見直されている薬草療法－モーリス・メッセゲ氏について

ハーブを料理に日常的に利用しているヨーロッパでは、ハーブを薬草として摂取し日常の健康維持や病気の治療にも役立てることが見直されています。フランスのモーリス・メッセゲ氏はこうした薬草療法の価値を見直し、提言した中心人物です。

彼は、祖先から代々伝わる薬草利用の知識を元に、病気別、効能別に体系づけられた予防医学的薬草療法を確立し、専門の療養施設「キュア・ハウス」をヨーロッパ各地に設立しました。西洋医学のように科学的な裏づけがあるわけではないので、根拠のない療法として非難されることもあります。しかし、確かな効果は評判を呼び、世界中から訪れる人が絶えません。独自の有機無農薬栽培で育てたハーブも生産し、絶大な人気があります。

私がハーブのお店をはじめたばかりで何もかもが試行錯誤のころ、彼のハーブティーに出会い、その美しさ、安全さ、芳醇な香りと味の豊かさに感動しました。肥沃な大地で安全に育てられたハーブは、本当に人を癒し、元気づけてくれることを実感し、ハーブのパワーを確信するきっかけになりました。

メッセゲ氏は経験的に最も治療効果が高く、誰でも安心して利用できる植物としてタイム、セージ、スミレ、バラ、ラベンダー、ミントを選びました。私の庭でも欠かさずに植えているハーブたちです。

②香りの効能と分類

●揮発性の速さと系統で分類

香りにはいろいろな種類があります。まず、精油の揮発する速度によって、大きく三つのタイプに分けることができます（フランス人ピエッセによる分類）。原料の種類から、さらに9種類に分けられます（表参照）。

●好きな香りがよく効く香り

植物の精油には抗菌・消炎などさまざまな人間への効果がありますが、人の精神にも影響を与えます。緊張したり興奮しすぎたりする精神を穏やかに落ち着かせ、逆に落ち込んだりやる気がない抑うつ的な状態をリフレッシュさせ、精神の正常なバランスをとりもどす働きをします。ただし、香りが精神に与える影響は、個人ごとの好みで変わります。自分が大好きな香りが、その人に一番効能を発揮します。年齢、性別、体調、感情、季節、生活スタイル、体験、職業などで好みは変化します。自分が好きだから

香りの分類	系　統
トップノート（シトラス） 最も揮発性の速い香り。持続時間はおよそ30分程度でリフレッシュ作用がある。おもに柑橘系果物の爽快な香りで、オーデコロンの主要な香り。	**シトラス（柑橘系の果物）** レモン、オレンジ、グレープフルーツ、ベルガモット、マンダリン
ミドルノート（グリーン） 揮発性はトップとラストの中間あたり、3時間程度持続。身体の機能を高め、バランスを整えリラックス作用がある。	**フルーティー（柑橘系以外の果物）** リンゴ、モモ、マンゴーなど
	グリーン（各種ハーブ） ローズマリー、マジョラム、ミント、セージなど
	スパイシー（各種スパイス） シナモン、ナツメグ、カルダモン、ジンジャー、オールスパイス クローブ、メース、ブラックペパー、ホワイトペパー
	ウッディー（樹皮など） サイプレス、サンダルウッド、ジュニパー、ティートリー、ユーカリ、ローズウッド、シダーウッド
	フローラル（花） ローズ、ラベンダー、ジャスミン、イランイラン、ネロリ、カモミール、スズラン、ライラック
ラストノート（ベースノート） 24時間〜数日間持続する香り。馥郁《ふくいく》として安らぎを感じる香り。濃厚な、華やかな、豪華な香り。フェロモン様の香りは催淫作用がある。	**バルサミック（樹脂）** フランキンセンス（乳香）、ミルラ（没薬）、ベンゾイン（安息香）
	モッシー　（苔《コケ》） オークモス、アイリッシュモス
	アニマリック（動物性） 麝香（ムスク）、アンバーグリス、シベット（猫）

といって、誰にでも有効というわけではありません。
年齢でいえば、大まかには若い人は柑橘系の香り（トップノート）を好み、年配者はサンダルウッド（白檀《びゃくだん》）などの重厚な香り（ラストノート）を好む傾向があるようです。
これは、年を重ねることで目や耳の感覚が衰えるように、嗅覚も若干にぶくなるため、長い時間香りが残るラストノートのほうが知覚しやすいという理由もあるのかもしれません。

3 ハーブの利用部位と収穫時期

●ハーブによって利用部位は変わる

香りなどの有効成分（精油）が存在する場所は、ハーブによって異なります。花、葉、タネ、茎、根、樹皮などさまざまなのです。香り成分だけでなく、その他の有効成分を利用する場合は、全草を利用するハーブもあります。
植物の成分は季節や時間によっても変化します。部位ごとに見ていきましょう。

春から秋までいつでも使える。特に日照時間が長く適度な暖かさがある初夏は、植物の活動が活発で最も香り高い時期で、フレッシュ（生の葉）利用がおすすめ。秋は少し香りは減るが、精油成分は葉の中に詰まっているので、ドライにして冬まで楽しめる。
ハーブ：ほとんどのハーブ
収穫時期：常時
特に初夏、秋

香りを楽しめる花：ラベンダー、バラ、カモミール、ホップ、スイートバイオレット、マリーゴールド、キンモクセイ、ミモザ、キク
収穫時期：8部咲きのときが最も香り高い
色や形を楽しむ花：ナスタチウム、ボリジ、マロー、ベニバナ
収穫時期：いつでも

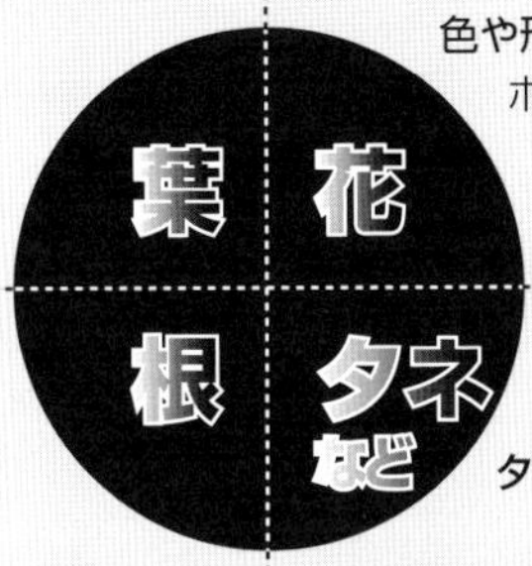

収穫時期：おもに秋
休眠を前にした秋が、成分を多く含むといわれる。
ハーブ：エキナセア、ターメリック、タンポポなど

その他
タネ：フェンネル、ディル、サンショウなど
偽花：ローズヒップなど
めしべ：サフラン
がく：ローゼル
球根：ガーリック、エシャロット、ユリなど

④ 育てたハーブを多彩に活用

ハーブのある暮らし（ハーバルライフ）は、人生に実にたくさんの楽しみを提供してくれます。それは、自らタネをまき、苗を植え、身近な場所で育てればこそ味わえるものです。生活条件、環境、好みや体力に合わせて土に親しみ、生活のあらゆるところでふんだんに利用し、自分流ハーバルライフを見つけてみてください。パック詰めで売られているハーブからは届かないメッセージを発見できるでしょう。

摘みたての葉で入れるバジルティーは私のお気に入り。とてもリラックスできます。

ハーブサラダは香りを楽しむサラダ。口に入れるごとに違う香りを楽しめます。

マスの香草焼き。魚の中にハーブを詰め込んで焼き、生臭みをとります。

●まずはティーから

初めて植えたハーブが育ってきたら、迷わず摘芯。摘み取った葉をさっそくハーブティーにしてみましょう。熱湯を注いで、あれもこれもとりあえず飲んでみます。ガラスの容器に入れて目に鮮やかな緑を楽しんだり、好みのハーブ同士をブレンドしたり、ホットやアイスで試しているうちに、お気に入りの香りと味に出会えます。

●料理には気軽に控えめにがコツ

シソやサンショウ、ゴマなどのハーブは、日本人なら体験的に使いこなしています。西洋のハーブも香り付けや臭み消し、殺菌作用など日本のハーブと同じ目的で使われているのです。恐れず、気軽に肉類、魚類、サラダや飲み物、デザートなどいろいろと使ってみてください。

でも使いすぎると香りの個性が強すぎて食べにくくなることも。引き立て役として控えめに使うのがコツです。

●暮らしの万能薬、天然のアロマテラピーに

ハーブは、もともと暮らしに役立つ植物として選ばれたものです。ほとんどは薬草として予防医療分野で使われています。たとえばラベンダー。虫や蚊に刺されたとき、やけどや頭痛、乗り物酔いやジェットラグ(時差ボケ)、ニキビ、眠れないときなどによく効く万能薬です。

ハーブガーデンは自然の薬箱です。庭に立ち、踏みつけたり手入れをしていると香りがふんだんに漂ってきます。この香りは複雑に入り混じり、エッセンシャルオイルでは決して体験できないアロマテラピーとなります。

思う存分深呼吸してハーブの香りが体のすみずみ入り込むのを実感してください。

●クラフトで暮らしにも香りを

アートの世界も広がります。庭で育てた四季折々のハーブと野山や海の幸、身近な生活雑貨を材料にして、香りを形にし、自分の思いを表現するのも大きな喜びです。

装飾品はもちろん、天然染料として布を染める、石鹸、化粧水などをつくってボディーケアするなど、育てるだけでなく、衣食住すべてに活用できるのがハーブの醍醐味です。

ハーブ石鹸は私の一番のおすすめ。安全で肌がしっとり。

古いオルゴールを使ったポプリ。いろいろな器を選ぶのもドライポプリつくりの楽しみ。

スパイスも形や色がとってもすてき。古くなったスパイスを引き出しにギッシリ詰め込めばお部屋のアクセサリーに。

5 ハーブの収穫・保存の仕方

●春から夏はフレッシュハーブとして

ハーブは初夏から夏にかけて繁茂し、手に余ることもありますが、残念ながら乾燥保存には適しません。日本では、この季節は湿度が高く、カビが発生したり色が悪くなるのがほとんどだからです。摘芯や枝すかしを兼ねて収穫しながら、そのつど使いきるのが最良の方法です。

●香りを損なわない収穫・利用の仕方

晴天が２～３日続いた朝の 10 時ごろが、香りよく収穫に適した時間です。摘み取って軽くほこりを落とす程度、静かに洗って使います。香りの成分は葉のごく表面に近い細胞の中に薄い皮膜に覆われて存在するので、あまり強く洗うと香りが流れてしまうのです。大雨や強風に見舞われた日も香りは飛ばされ薄くなっているので収穫には向きません。逆に、さわったりこすったりすることで香りのカプセルをはじけさせ､香りを出すことができます。

祖母や母が青シソの葉を手のひらにのせ、たたいてから使っていましたが、こんな理由があるとは子どものころにはわかりませんでした。

●フレッシュハーブの保存

おもに一年草のハーブは、葉が柔らかく小さくて傷みやすいのでフレッシュで使いきります。

摘み取りすぎたハーブ類は、酢や酒、オイルなどに漬け込んでおけば、それぞれドレッシングやお菓子づくりなどの材料として長く利用できます。

たとえば肉厚で水分の多いバジルの葉は、バジルペーストにしておくと１年近く保存できます。

秋は軒下でハーブを乾燥させます。

●秋は一気に収穫、乾燥

ドライハーブづくりは、湿度が低くなる秋に行ないます。束ねて窓辺や軒下などに吊るしておくだけで、色よく自然乾燥できます。エアコンのある室内や車の中も適しています。

乾燥したら密封できる容器、お菓子の空き箱、茶箱などで保存します。直射日光や蛍光灯の光に当てると退色しやすくなるので光を遮断し、高温も変質の原因になるので避けます。電子レンジで乾燥する方がいますが、香りが飛んでしまうので不向きです。

●フレッシュ、ドライの使い分け

フレッシュハーブは色も香りも美しく、育てているからこそ味わえる醍醐味があります。ただ、アクを含むのでティーの味はドライに比べて幾分劣ります。ドライのほうがより雑味が少なく、洗練された風味があります。また、ヨーロッパで行なわれる薬物療法には、必ずドライハーブを使います。いつでも供給が約束できるからです。私は、春から夏はフレッシュをメインに楽しみ、秋から冬はドライを存分に利用しています。

ドライは乾燥してかさが減っており、成分も濃縮されています。フレッシュで使うところをドライに置き換えるときは、「フレッシュの３分の１の量」と覚えておくと便利です。ドライの代わりにフレッシュを使うときは、逆に３倍の量を使います。

ここでは、わたしが特におすすめする33種のハーブを紹介します（50音順）。おもに料理やティーなどの食用に使え、用途の広いものを重点に選びました。

[栽培カレンダー凡例] 栽培カレンダーは関東地方を基準にしています。

- ●：タネまき
- ▲：植え付け
- ▽：株分け
- □：挿し芽（挿し木）
- ■：マルチング
- ×：かたづけ（刈り込み、鉢上げ）

〈収穫〉

- ━：根の収穫
- ━：葉の収穫
- ━：花の収穫
- ○—○：実（タネ）の収穫

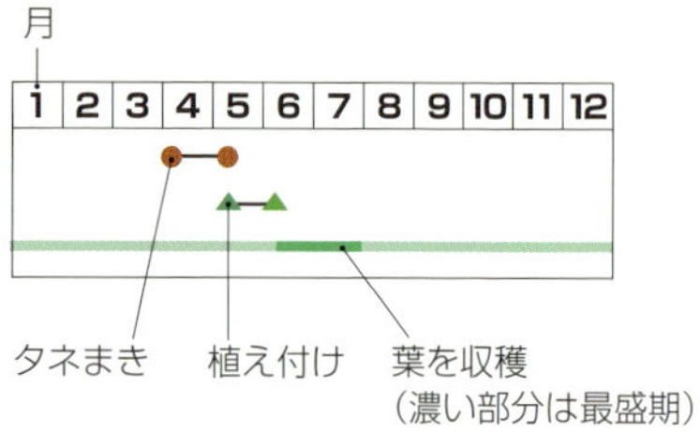

＊花を利用しないハーブは、花を咲かせると葉が硬くなり香りも落ちるので、開花期はつぼみのうちに摘み取る。ただし、秋のタネ取りに備えて開花期後半は花も残しておく。

エキナセア

キク科耐寒性多年草
開花● 7～10月

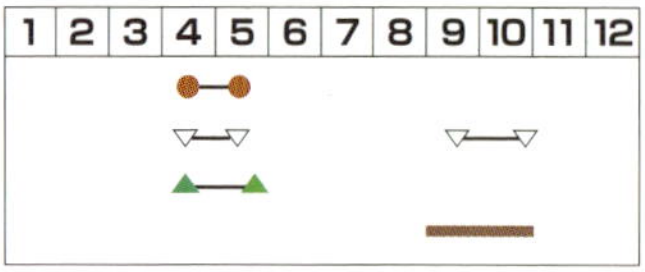

草丈● 70㎝～1m
利用部位●根
植え方●タネまき、苗
増やし方●タネ、株分け
コンパニオン●特になし
効能●乾燥した根は感染症を防ぐ効果があり、抗アレルギー、リンパ系の強化作用、天然の抗生物質にもなり、風邪の初期症状やのどが痛むときにティーを用いる。
栽培のポイント●日当たりのいい、乾燥したところで育てる。株はなかなか大きくならないので、まだ株全体が小さいうちは、株分けや収穫はしない。

アメリカ先住民の間で薬草として珍重されてきたハーブ。乾燥した根のティーを防腐剤、消化薬として使います。花が美しく、観賞用にも最適です。

オレガノ

シソ科半耐寒性～耐寒性多年草
開花● 6～7月

1 2 3 4 5 6 7 8 9 10 11 12

訂正とお詫び

（社）農山漁村文化協会 編集局

26ページのマリーゴールドの記述において、タゲテス属（フレンチ種、アフリカン種、メキシカン種）とキンセンカ属（ポットマリーゴールド）の違いがわかりにくくなっておりましたことをお詫び申し上げます。下記のように訂正いたします。

（26ページ写真の下の文）
タゲテス属のマリーゴールドは、センチュウを防ぐ効果があり、花びらはポプリの材料にもなります。
キンセンカ属の「ポットマリーゴールド」は食用にできます。花びらは料理の彩りやティーに、葉はサラダ、オムレツなどに。乾燥させた花びらはハーブ染めやポプリに使います。

（26ページ左下）
栽培のポイント●タゲテス属（フレンチ種、アフリカン種、メキシカン種）のタネまきは春（初夏～秋に開花）。ポットマリーゴールドのタネまきは8～9月(冬～春に開花)。

※「栽培カレンダー」、「コンパニオン」の記述はタゲテス属のものです。
※「効能」はポットマリーゴールドを食用にした場合のものです。
※写真の花はフレンチ種です。

（54006195 四季のハーブガーデン）

の効果があり、調味用ハーブと
す。ピザ、パスタ、トマト料理、
オイルを使った料理や肉の詰め
ライのほうが香りがよいです。

なり細かいので厚まきになら
下茎が横走して繁茂しすぎる
して根茎を整理する。

ける。

効能●抗炎症、防腐、鎮静作用、健胃、発汗作用を促して風邪の治療に。頭痛や、安眠効果も。保湿効果が高く乾燥肌、アトピー性皮膚炎などに有効とされる。湿布剤、ハップ剤、口内炎、うがい薬、浴用剤、香粧品など用途は多い。

ミールと一年草のジャーマン
ーマンの花のほうが香りがよ
ヨーロッパでは風邪、頭痛、
痢などに浸出液が使われています。「植物のお医者さん」といわれ、煮詰めた汁は立ち枯れ病を予防し、堆肥を活性化します。花は収穫のつど冷凍しておくと便利。ローマンは葉も香るので庭の芳香になります。

栽培のポイント●ジャーマンは一年草なのでタネの直まきが向く。ローマンは苗の植えつけでもよい。ローマンは、ほふくして広がってゆくので広めにスペースを確保する。

コリアンダー（香菜）

セリ科一年草　開花●６～７月中旬

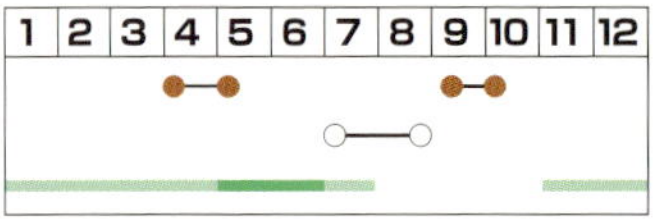

草丈●３０～６０㎝
利用部位●葉、タネ
植え方●タネまき（初夏）
増やし方●タネ
コンパニオン●ハチを呼ぶ。チャービル、ディル、アニスなど同じ科の植物に働きかけ、お互いに助け合って元気に生長、害虫駆除効果も。アブラムシの忌避物質をもつ。
効能●抗菌作用、整腸作用、健胃剤として消化不良によい。タネは胃液の分泌を促す。
栽培のポイント●料理用に多量を使うのでタネまきがおすすめ。移植を嫌う性質があるので直まきする。乾いた土壌と、たっぷりの日当たりが必要。キアゲハがくるので幼虫を見つけたら捕殺する。

中国・タイなどアジア料理でよく使われます。生葉にはくせのある臭いがありますが、トウガラシ、ガーリックなどと一緒に用いるとおいしくなります。香味としてスープやおかゆ、麺類などに。根茎は肉類、魚の臭み消しに。熟したタネは甘い芳香があり、リキュールや砂糖漬け、ピクルス、シチュー、カレーに使います。

サマーセボリー（キダチハッカ）

シソ科一年草　開花●６～７月中旬

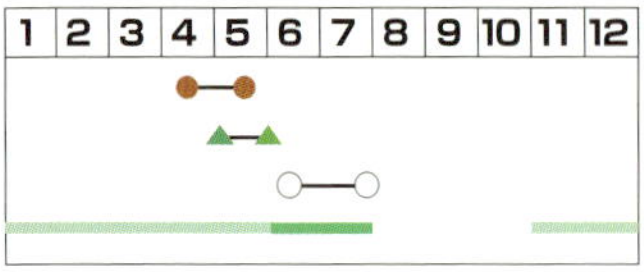

草丈●約５０㎝
利用部位●葉、茎
植え方●タネまき（春）
増やし方●タネ
コンパニオン●バジルとマメ類との相性がよい。ハチを呼ぶ。
効能●強壮、整腸、利尿作用にも有効。鎮咳作用、胃腸薬、リュウマチや喘息にも有効。
栽培のポイント●日当たりよく、やや乾燥したところで育てる。収穫をかねた摘芯を何度も行ない、株張りをよくする。

タイム、オレガノ、ローズマリー、バジル、セージの香りを引き立てるので、それらとともにエルブドプロバンス（85頁）やブーケガルニ（90頁）に使います。豆料理にもよく使われ、“豆のハーブ”と呼ばれています。サラダ、ソース、マヨネーズにも刻んで入れるとおいしいです。

サラダバーネット

バラ科耐寒性多年草
開花● 6～7月

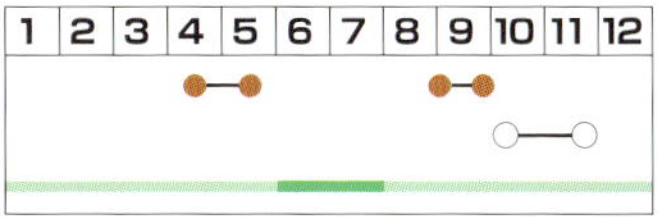

草丈●約 50 cm
利用部位●葉、花
植え方●タネまき（春、秋）
増やし方●タネ
コンパニオン●特にロケットと相性がよい。マジョラム、ミント、パセリやタイム、チャービル、ナスタチウムなどの生育もよくする。枝葉は堆肥の材料にも最適。
効能●止血、収斂、殺菌、消炎作用。

ビタミンCやミネラルの濃度がとても高く、生でふんだんに食べたいハーブです。さっぱりしたキュウリのような匂いはサラダにするとおいしい。その他、刻んでハーブバターやチーズにも。ワレモコウに似た花は、生け花でも人気です。

栽培のポイント●コンパニオン効果があるので庭や畑のあちこちに植えておきたい。冬季にも青葉が楽しめる。地下茎で横に広がるので数年に 1 回、株分けで整理する。

セージ（薬用サルビア）

シソ科耐寒性常緑低木
開花● 6～7月

草丈● 60 cm
利用部位●葉、花
植え方●タネまき、苗
増やし方●株分け、挿し木
コンパニオン●ローズマリー、タイムと相性がいい。モンシロチョウの忌避効果があるので、アブラナ科のキャベツやブロッコリーの間に植えるとよい。
効能●血液循環をよくして神経系統の働きを促す。回復期にある病人や神経過敏の方によい。ホルモンバランスを整え強力な殺菌作用がある。強壮、消炎、口腔清浄、抗酸化、防腐など薬用効果が高い。
栽培のポイント●タネは発芽しにくいので苗の購入がおすすめ。多くの観賞用品種が売られているが、実用的なのはガーデンセージ、パープルセージ。3年くらいで老化するので、その前に挿し木や株分けで増やす。

ヨーロッパでは昔から薬草として重宝されてきました。料理では肉、魚料理の臭み消しに。フレッシュの葉のみじん切りしたものやドライの葉を利用。針刺しや歯磨き、床にまくなどハウスキーピングにも使われます。タイムやローズマリーと組み合わせることが多いです。ハーブティーは疲れたときにおすすめ。

セロリ

セリ科一年草・二年草
開花●6～7月中旬

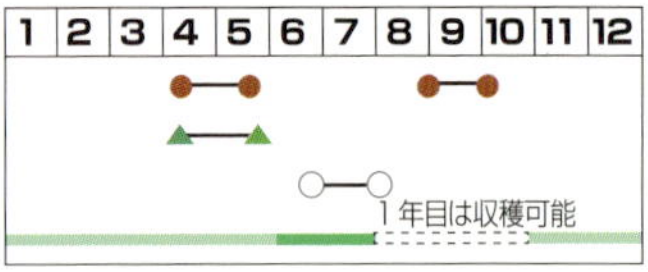

草丈●約30㎝
利用部位●葉、茎、タネ
植え方●苗
増やし方●タネ
コンパニオン●トマト、パセリと相性がよい。
効能●ビタミンA、Cを多く含み整腸、利尿、強壮作用がある。タネは神経の疲労を和らげるといわれる。
栽培のポイント●発芽には時間がかかるので、苗の利用がおすすめ。半日陰、湿り気を好むので乾燥させないように気をつける。

スープセロリ

トマト料理、肉、魚介、野菜の煮込み料理やサラダ、ピクルスやブーケガルニに欠かせません。トマトジュースにセロリシードパウダー（粉状にしたタネ）を入れると生臭みが消えて飲みやすくなります。煮込み料理には茎を、サラダや料理の仕上げには葉を使います。

タイム

シソ科耐寒性常緑小低木
開花●6～7月中旬

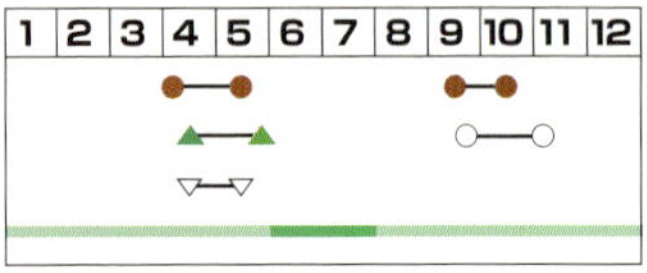

草丈●30～40㎝
利用部位●葉
植え方●タネまき、苗
増やし方●タネ、挿し木、晩春に取り木、株分け
コンパニオン●ハチを呼ぶ。ローズマリー、セージ、ガーリック、トマトと相性がよい。モンシロチョウの忌避効果もあるのでアブラナ科の植物の間に植えるとよい。
効能●強力な殺菌作用は空気中のウィルスやバクテリア、体組織の中の有害な細菌を殺す力がある。防腐、強壮、抗酸化、防カビ、食欲亢進、疲労回復作用。風邪、インフルエンザに有効。

コモンタイム

栽培のポイント●タネより苗がおすすめ。ほふく性のクリーピングタイムと直立のコモンタイムがあり、コモンのほうが香りは優れている。クリーピングタイムは園路やロックガーデンに向く。踏むとよい香り。

勇気、品位、エレガンスの象徴といわれ、肉類や魚介類の臭み消しに使われます。ブーケガルニ（90頁）に欠かせません。生でもドライでも使えます。煮物には枝ごと入れ、できあがったら取り出します。セージとともに肉の詰め物にも使います。素材と一緒に十分加熱して、その効能を利用します。ガーリック、トマト、ワインにも合います。

タラゴン（エストラゴン）

キク科耐寒性多年草　開花●－

草丈● 20 ～ 50 ㎝
利用部位●葉
植え方●苗
増やし方●株分け、挿し木
コンパニオン●トマト、バジルと相性がよい。
効能●食欲増進、消化促進、健胃作用があり、体力の弱った人や病気の回復期の人、不眠症、ノイローゼ、ストレスの多い人におすすめ。
栽培のポイント●日当たりと水はけのよい、ややややせている土壌で育つ。秋に刈り込んで、マルチングをして冬越しする。風味を損なわないために、株は 2 年ごとに掘り起こして株分けする。保水力のある土を好み、肥料も欲しがる。乾かしすぎ、肥料切れしないように。

フレンチとロシアンがありますが、香りがあり実用的なのはフレンチです。独特の個性ある香りはフランス料理に欠かせません。ソースをはじめ肉・魚・卵料理、ピクルス、サラダなどによく合います。風味が強いので、ほんの少量使うのがコツです。洋風料理がお好きならぜひ取り入れて欲しいハーブ。フレッシュを使います。

チャービル（セルフィーユ）

セリ科一年草　開花● 6 ～ 7 月

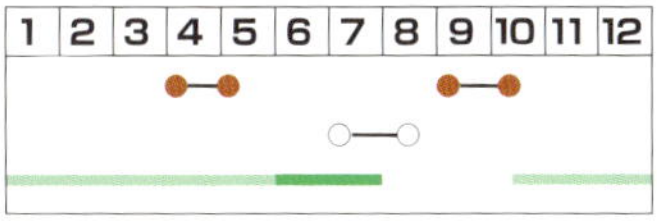

草丈●約 60 ㎝
利用部位●葉、茎
植え方●タネ(移植に弱いので直まき)
増やし方●タネ（こぼれダネ）
コンパニオン●ラディッシュの香味を増やし、レタスをアリやアブラムシから守る。
効能●利尿、血圧降下、食欲増進、血液浄化、消化薬に。風邪、発熱のときに発汗促進作用もある。
栽培のポイント●デリケートな性質なので風や日光が直接当たらないところに直まきする。特に梅雨時の風雨には弱いが、耐寒性はあるので秋のうちにタネまきをするとよい。夏は寒冷紗などで日よけが必要。

繊細な香りはフィーヌゼルブ（62 頁）に欠かせません。生で利用し、サラダや刻んでスープやバターに、卵料理（オムレツ）や魚料理にもよく合います。デリケートな香りが命なので加熱の長い料理には向きません。料理でふんだんに使えるよう直まきすると便利。

チャイブ（チャイブス）

ユリ科耐寒性多年草
開花● 5～7月上旬

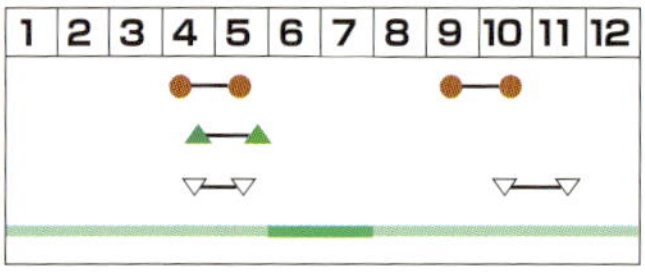

草丈● 30㎝
利用部位●葉、花
植え方●タネまき
増やし方●タネ、株分け
コンパニオン●ハチを呼ぶ。ラズベリーの果実の生育を助け、バラに働きかけてセンチュウ菌を駆除し、バラの精油を増加する。ガーリック、マメ類やリンゴとも相性がよい。
効能●匂い消し、殺菌、防腐、精神安定作用、食欲増進など。
栽培のポイント●花壇の縁取りに最適。半日陰でも栽培できるが、水は十分に必要。葉が黄色になると養分不足と水不足なので水やりし、液肥を与える。おもに葉を利用するので花は早めに摘む。

初夏のハーブバターやハーブチーズに欠かせません。生で使うことが基本で、フィーヌゼルブ（62頁）の材料。細かく刻んで小分けして冷凍すれば保存でき、ネギの代わりに和食にも使えます。花びらも食用になり、ほぐしてサラダなどに。

ディル

セリ科一年草
開花● 6月後半～7月後半

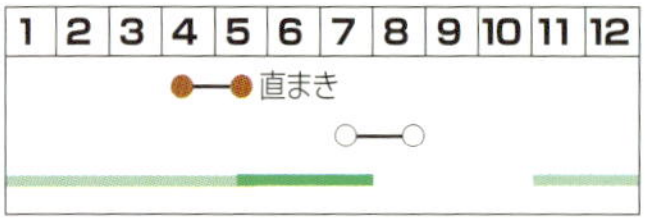

草丈● 1～1.5ｍ
利用部位●葉、茎、花、タネ（晩春～初夏）
植え方●タネまき（晩春～初夏）
増やし方●タネ
コンパニオン●養蜂植物。コリアンダー、キャベツと相性がいい。ニンジンと相性が悪い。
効能●鎮静作用や、消化を促し、鼓腸を治す働きがある。母乳の分泌促進作用、幼児の痛み（さしこみ）を緩和する。

生葉は魚料理、クリームソース、ポテトサラダなどに。デリケートなので料理の仕上げに使います。タネはキュウリのピクルスに欠かせません。ケーキやお菓子の風味づけにも。ディルビネガーはスカンジナビア、中央ヨーロッパの料理には大切な食材。

栽培のポイント●移植を嫌うので直まきする。草丈が高くなるので支柱が必要。初夏に少量の追肥を施す。コリアンダーとの混栽は背丈のバランスがとれてうまくいく。フェンネルと交雑しやすいので近くに植えないこと。

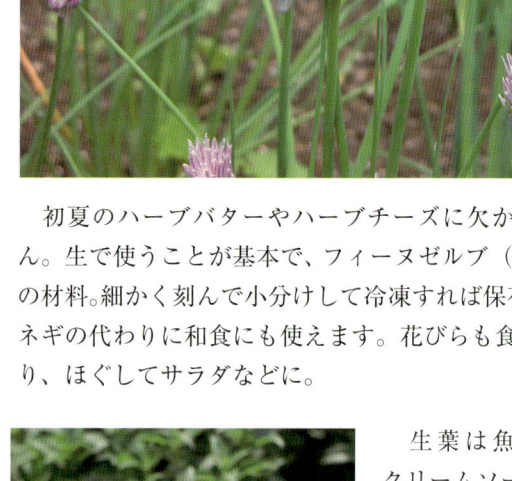

ドッグローズ（野生バラ）

バラ科落葉低木
開花● 5月中旬～6月

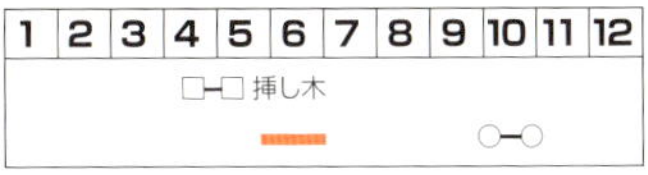

草丈● 1～3m（つる）
利用部位●実
植え方●苗、タネまき
増やし方●挿し木
コンパニオン●（バラ全般に有効）トマト、パセリ、ネギ類、マリーゴールド、ゼラニウム、ルーはバラを病害虫から守る。
効能●偽果はビタミンCを多量に含み、他にもビタミンB、E、K、タンニン、ニコチン酸アミド、有機酸など豊富な栄養分を含み強壮効果がある。
栽培のポイント●つるになって伸びるのでアーチなどに誘引するのに向く。バラは病害虫がつきやすいので、毎日葉をチェックして被害にあった部分は早めに取り除く。冬に古い枝を切り、若い枝も適度にせん定して誘引しておく。

大きく肉厚な果実（偽果）をつけます。これがローズヒップティーの原材料として有名。野生種なのでバラの中では丈夫に育ちます。初夏に花を咲かせ、秋にオレンジに熟した果実を収穫します。果実を割って中のタネと綿毛を取り除き、ティー、ジャム、砂糖漬けなどにして楽しみます。

ナスタチウム（キンレンカ）

ノーゼンハレン科一年草(温暖地は多年草)
開花● 5月中旬～10月(盛夏は除く)

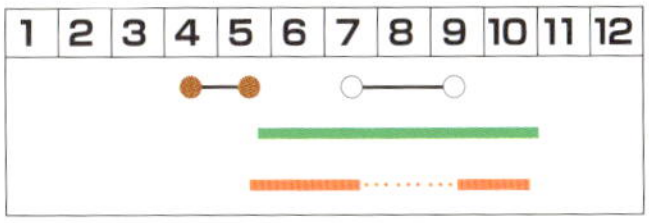

草丈● 40㎝（わい性種）
利用部位●葉、花、タネ
植え方●タネまき（春）
増やし方●タネ
コンパニオン●トマトと相性がよく、キャベツなどアブラナ科野菜の近くに植えるとアブラムシをおさえる。ハツカダイコンの生長を助ける。
効能●強壮、浄化、消毒作用。
栽培のポイント●春に日当たりのよい肥えた土壌にタネを直まき。真夏の炎天下では勢力を落とすが、初夏から晩夏まで長く花を楽しめる。晩秋に鉢上げして、室内で管理すると冬越しできる。

八重咲きになる品種、わい性の品種もあります。花は食用で料理のデコレーションに。ピリッと辛い葉は鉄分などのミネラルやビタミンCを多く含むのでサラダに最適。タネはピクルスのスパイスになります。

バジル（メボウキ）

シソ科一年草
開花● 7月中旬～10月中旬

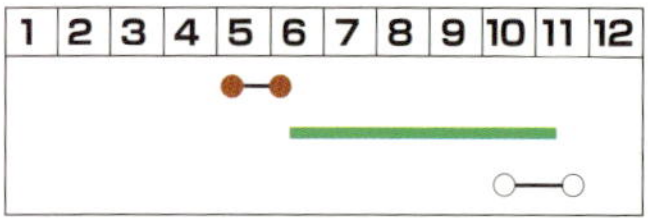

草丈● 30～60㎝
利用部位●葉、花、タネ
植え方●タネまき（直まき、育苗）
増やし方●タネ、挿し芽
コンパニオン●トマトと相性がよく､害虫を駆除して果実を養成する。キュウリ、カモミールにつくアブラムシを駆除。サマーセボリーとも相性がよい。
効能●強い殺菌力と強壮、消化促進作用があり、軽い胃腸病に広範に用いられる。母乳の分泌を促し、神経性の頭痛や不安症を和らげ、記憶力を高めるともいわれる。

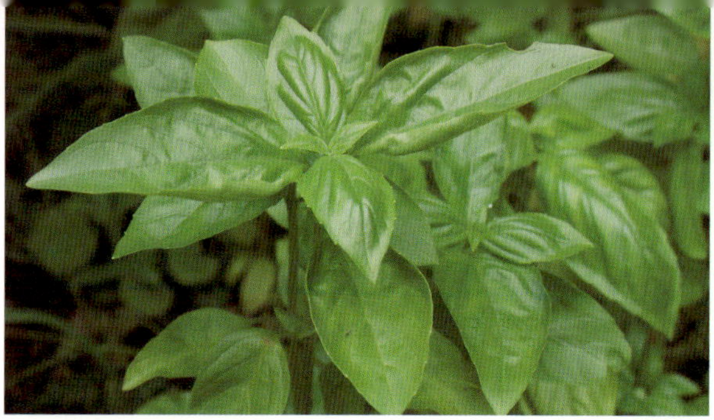

生葉の香味を利用し､トマト料理やスープ､サラダ、パスタ、魚肉料理に。フレッシュハーブティーは和食にもよく合います。ペースト（66頁）にすると便利で長期保存できます。緑色のスィートバジルの他、ビネガーやシャーベットなどに使われる紫色のダークオパールバジル、葉が細かく丸い株に生長し、花壇の縁取りに使われるグリークバジルがあります。昔から殺菌力を利用した床にまくハーブとして知られています。

栽培のポイント●寒さに弱いので、遅霜の恐れがなくなる5月上旬にタネまき。日当たりよく肥沃な土を好む。肥料好きなのでときどき液肥を与え、肥料切れ、水切れにならないようにする。根が地表に出てくるときは土をかけて保護する。

パセリ（イタリアンパセリ）

セリ科二年草
開花● 6月中旬～7月

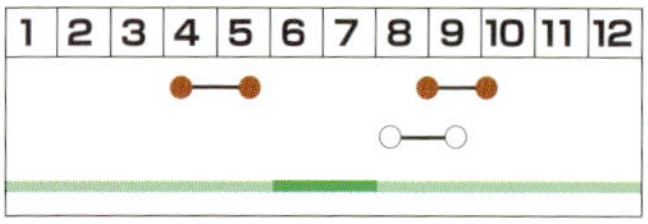

草丈● 20～50㎝
利用部位●葉、花
植え方●タネまき、苗
増やし方●タネ
コンパニオン●トマト、バジル、セロリと相性がいい。ニンジンと植えるとニンジンの害虫を遠ざける。
効能●ビタミン、ミネラル豊富で食欲増進、利尿、強壮効果があり、貧血症、浮腫や循環器障害を和らげる。肝臓および体組織から毒素を排泄する解毒効果も。
栽培のポイント●発芽まで6週間ほどかかり移植を嫌うので、タネは直まきするが、春まきの苗を購入するほうがおすすめ。葉がカールした一般的なパセリは、イタリアンパセリに比べると耐寒性が劣る。

芳香成分は不揮発性で葉に多く含まれ、刻んだり、かんだりすると爽やかな香りが出ます。ガーリックを食べた後の口臭を消す作用、呼気を爽やかにする作用もあり、ブーケガルニ（90頁）に不可欠なハーブで煮込み料理や肉、魚、詰め物に用いられます。乾燥すると風味が失われるので生で使います。

フェンネル

セリ科耐寒性多年草または二年草
開花● 6月中旬～8月中旬

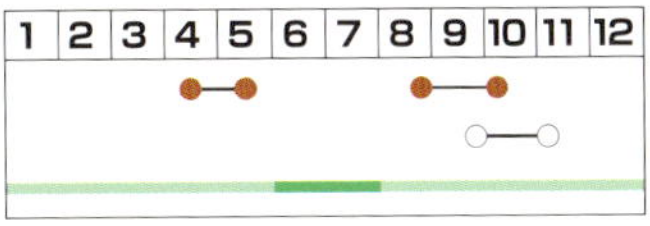

草丈● 70㎝～2m
利用部位●葉、茎、花、実（タネ）、根
植え方●タネまき（春）
増やし方●秋に株分け、タネ
コンパニオン●トマト、マメ類、コリアンダーの生長を阻害するので近くに植えない。
効能●強壮、利尿、解毒、視力回復、口臭予防、母乳分泌促進。胃腸を整え食欲を出し、身体を温める。
栽培のポイント●交配しやすいディルの近くには植えない。タネをスパイスとして利用するスィートフェンネルと、株が肥大し野菜としてサラダや煮込み料理に使うフローレンスフェンネルがある。タネが熟してきたら刈り取って束ね、吊るして乾燥させる。

甘い香りは魚によく合い、余分な油や生臭みをとるので魚料理によく使われます。おもにタネをスパイスとして料理に使いますが、葉・茎を付け合わせやサラダにも使います。タネを軽くいり、砂糖にまぶして食べると口臭を除去します。タネのハーブティーは消化を助けます。

ボリジ

ムラサキ科一年草　開花● 6～8月

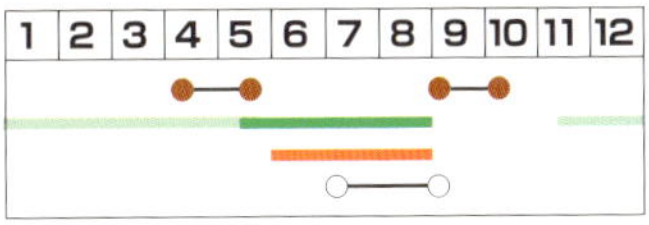

草丈● 50～60㎝
利用部位●花、葉
植え方●タネまき（秋、春）
増やし方●タネ（こぼれダネ）
コンパニオン●ハチを呼ぶので受粉の必要なラベンダー、ラズベリーと相性がよい。ミントとも仲良し。
効能●咳や気管支炎に効き、熱を下げるハーブとして知られている。乳の分泌促進、発汗、鎮静、強壮、血液浄化作用。
栽培のポイント●秋まきすると早春から晩夏まで長期間楽しめるのでおすすめ。こぼれダネで簡単に繁殖する。モモアカアブラムシが葉裏や葉柄、花に寄生するので防虫ネットなどで防御する。

気分を陽気にするハーブとして知られ、かわいらしい星型でブルーの花は砂糖菓子に、カリウム豊富な葉と花はサラダで食べます。葉は有毛でゴワゴワしているので、サッと湯がくと食べやすくなります。花を入れた氷を、冷たい飲み物に添えるときれい。葉はドライにしてティーにも。

マジョラム
(スイートマジョラム、マヨラナ)

シソ科半耐寒性多年草
開花● 6～8月中旬

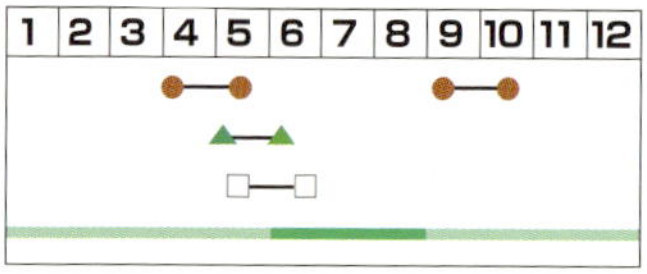

草丈● 30～40㎝
利用部位●葉
植え方●タネまき、苗
増やし方●取り木、挿し芽
コンパニオン●ハチを呼ぶ。
効能●強力な鎮静作用、不眠、神経過敏、ストレスなどに効果。内臓の機能不全の改善、殺菌、強壮、消化促進作用。
栽培のポイント●寒さに比較的弱い植物（仲間のオレガノは耐寒性）。日当たりのよい場所に植える。細かいタネなので室内の育苗箱にまいて管理し、霜害の心配がなく暖かくなってから移植する。花は摘み取る。

上品な甘い香りがあり、生でサラダ、卵、肉料理やバター、チーズに（フィーヌゼルブ、ブーケガルニの材料として）、また、ハーブティーや浴用にも使われます。タイムやオレガノと一緒にすると香りが高まります。ドライを枕に入れると不眠症対策に。

マリーゴールド(キンセンカ)

キク科一年草
開花● 6～10月中旬(盛夏は除く)

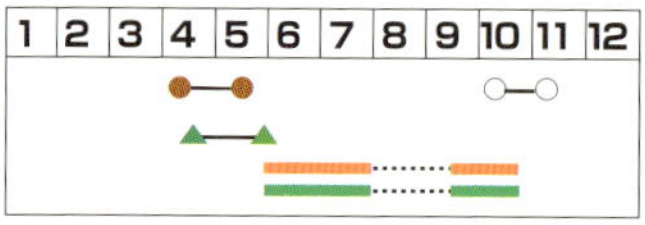

草丈●約50㎝
利用部位●花、葉
植え方●タネまき
増やし方●タネ
コンパニオン●センチュウ害を防ぎ、花は野菜につくコナジラミの忌避効果がある。
効能●胆汁の分泌を助け肝臓の働きを強化する。興奮剤になり、利尿作用、浄化作用、不安神経症に効く。皮膚の炎症による損傷に有効で止血剤、防腐剤、抗炎症薬となる。
栽培のポイント●フレンチ種、アフリカン種、メキシカン種があり、それぞれ花の形状が異なる。低温に弱いので、春暖かくなってから日当たりのよい場所にタネをまく。

花びらをほぐして、料理の彩りやポプリの材料、ティーとして使います。乾燥させた花びらはハーブ染めにも使えます。葉はサラダ、オムレツなどに使えます。独特の香りは根にもあり、センチュウを防ぐコンパニオンプランツとしても強力です。育てやすくガーデンの彩りとしても重宝します。

マロウ（ウスベニアオイ）

アオイ科耐寒性多年草
開花● 6～8月

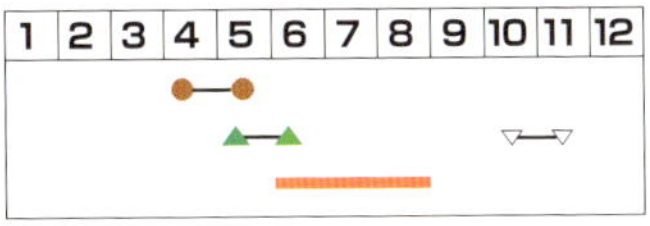

草丈● 1～1.5ｍ
利用部位●花
植え方●タネまき（晩春）
増やし方●株分け、タネ
コンパニオン●ハチを呼ぶ。
効能●花は喉の痛みと気管支に有効。抗炎症剤、緩下剤、ビタミンA、B_1、B_2、Cと粘液質を含むのが特徴。
栽培のポイント●背が高くなるので庭の後方に植え、支柱を立てる。害虫がたくさんやってくる。フタトガリコヤガ、ワタノメイガ、ヨトウムシ、ヨモギエダシャクは捕殺。ワタアブラムシは防虫ネットで防ぐ。

乾燥させた花をティーにすると美しい紫色に、さらにレモンを加えるとピンク色に変わり、色の変化の楽しみがあります。葉はゆでておひたしに。花は1日でしぼむので、咲いたその日に収穫します。

ミント類

シソ科耐寒性多年草
開花● 6月中旬～7月中旬

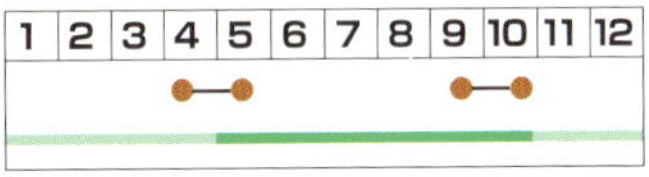

草丈● 30～100㎝
利用部位●葉、花
植え方●苗
増やし方●ほふく茎を株分け
コンパニオン●サラダバーネットやボリジと相性がよい。ラズベリーの風味を増し、アブラナ科のキャベツやブロッコリーにつくガを予防。ローズマリーやストロベリーの生長を阻害するので近くに植えない。
効能●消毒・殺菌作用がある。胃腸器系疾患によいとされ、胆汁分泌促進作用がある。鎮痙、抗炎症、神経性の頭痛や興奮も鎮める。
栽培のポイント●地植えだと地下茎がはびこり大増殖するので、大きめの鉢に植えたり、地植えでも周囲を板などで区画して植える。交雑するので複数の品種を近くに植えないこと。日陰や大木の根元でもよく育つ。

ペパーミント

交雑しやすく種類が豊富にあり、日本のハッカもこの仲間です。よく利用されるのはペパーミント、スペアーミントなどで、サラダなどの料理にも合い、爽やかな風味はお菓子の甘みによく調和します。ハーブティーは万能で、民間薬として古くから愛飲されています。他のハーブとブレンドすると飲みやすくなります。

ユーカリ

フトモモ科非耐寒性常緑高木

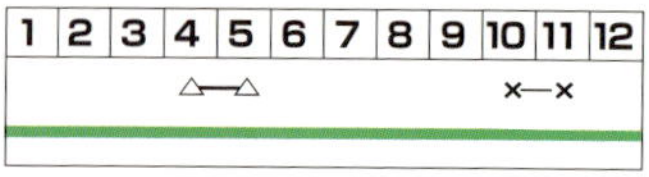

草丈●5～10ｍ
利用部位●葉
植え方●苗
増やし方●挿し木
コンパニオン●ハチを呼ぶ。
効能●防腐、解熱、鎮痛、鎮静、殺菌効果。呼吸器系の粘膜炎症（花粉症など）に効果。外用すると歯肉炎、傷、痔などにも有効。
栽培のポイント●地植えすると大木になるので大きくしたくない場合は鉢植えがおすすめ。香りがよくポプリなどに向くレモンユーカリは非耐寒性なので、冬は鉢上げする。水はけのよいところで栽培する。

乾燥させた枝葉をクラフト・浴用剤に活用できます。葉を熱湯に注いで成分を抽出した浸出液をスプレーでまくと、殺菌・空気清浄になります。ドライのティーは花粉症などの鼻炎を和らげる作用があります。

注）丸葉と細長い葉の品種があり、ティーには細長い葉の品種を使います。

ラベンダー

シソ科耐寒性～非耐寒性小低木
開花●6～8月上旬

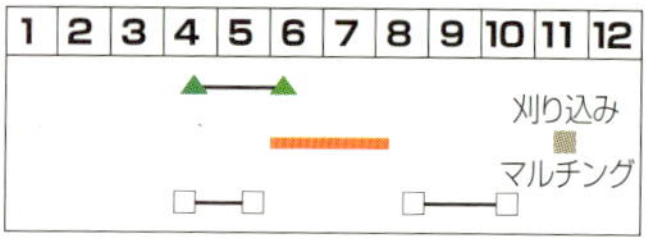

草丈●約80㎝
利用部位●花、葉、茎
植え方●苗
増やし方●挿し木
コンパニオン●バラ、ボリジ、ラズベリーに働きかけ果実を生育させ、丈夫な植物にする。
効能●吐気や膨満感を鎮め、胃の最高の友といわれる。鎮静、鎮咳、防腐、抗炎症作用、デオドラント、組織再生、日焼け防止、虫よけ、殺菌、頭痛薬など多用。爬虫類の毒にも効果があるといわれる。
栽培のポイント●発芽は遅く発芽率も低いので、挿し木がおすすめ（春か秋）。挿し穂は15㎝くらいにして新しく生長した丈夫なシュートを使う。排水のよい土、十分な日当たりが必要。夏は寒冷紗をし、真冬は根元に落ち葉などを敷いてマルチする。品種によって開花期が異なる。

花の色と香りに毎年魅了されます。香りは疲れを癒し心を静める作用があり、その他の効能も広範囲でティー・ポプリ・クラフト・薬用と、暮らしの中で一番活躍するハーブといえます。温暖湿潤な夏に花が咲くので、収穫・乾燥に失敗する人も多いハーブです。砂糖漬けにする保存法やモイストポプリがおすすめ。

ルバーブ

タデ科非耐寒性多年草
開花● 6月中旬～8月中旬

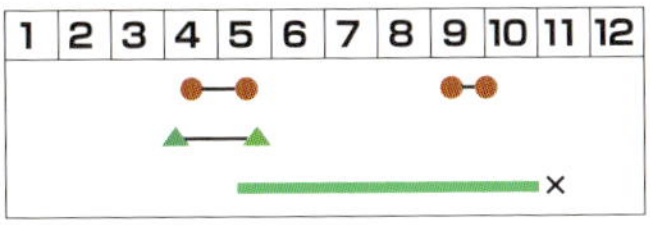

草丈● 40～50㎝
利用部位●茎
植え方●タネまき、苗
増やし方●株分け
コンパニオン●特になし
効能●緩下剤として慢性の便秘に使われる。食欲を刺激する。抗炎症、利尿、抗菌、収斂作用。
栽培のポイント●横張りに広がるので、日当たりのいい場所に株間を十分とって植える。花が咲くと茎・葉が極端に縮んでしまうので、必ずつぼみのうちに摘み取る。収穫は地際から地上部すべてを刈り取る。年に3回ほど収穫できる。

茎は砂糖と煮込んでジャム（54頁）にします。葉は蓚酸《しゅうさん》を大量に含んでいるので食べません。酸性食品なので一度にたくさん食べないこと。腎臓結石や尿路結石のある人は禁忌です。薬缶や鍋に入れてお湯を沸かすと湯あかが除去できます。大きな葉はアウトドアのお皿にも。なお、赤い茎は軟化栽培したものです。

レモングラス

イネ科非耐寒性多年草

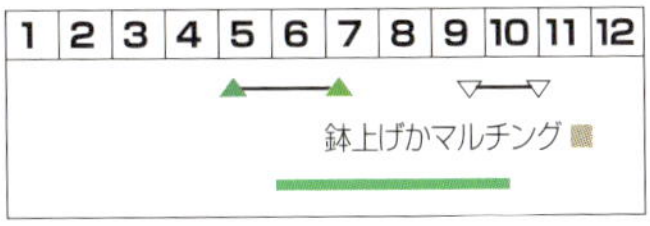

草丈● 1～2ｍ
利用部位●葉
植え方●苗
増やし方●株分け
コンパニオン●特になし
効能●レモンに似た芳香があって食欲増進、リフレッシュ効果、防虫効果もある。腹部の張りを緩和、鎮静作用、貧血防止も。
栽培のポイント●インド原産のハーブで耐寒性はない。虫がつきにくく育てやすいハーブ。晩秋に鉢上げ、またはマルチングを行ない冬越しさせる。

柑橘系の香りが清々しく、ドライでもフレッシュでも利用できます。他のハーブのティーにブレンドすると、どのハーブも飲みやすくなります。かごやリースなどクラフトにも活躍します。エスニックスープなどの料理、薬草療法には、香りの強い葉柄の下の部分を輪切りにして使います。

レモンバーベナ

クマツヅラ科半耐寒性低木
開花● 7～8月中旬

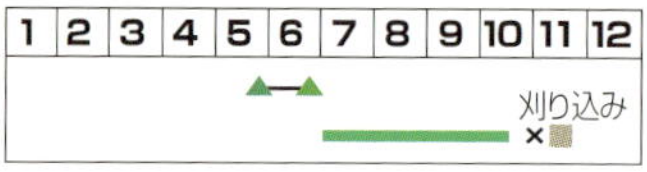

草丈● 1～2mくらい
利用部位●葉
植え方●苗
増やし方●挿し木
コンパニオン●特になし
効能●強壮、解熱作用が強力。体組織を浄化して傷や感染症に効果的。無気力やうつ状態、神経過敏、精神疲労の方におすすめ。整腸作用、リフレッシュ効果があり、吐き気や消化不良に有効。
栽培のポイント●暖かい日当たりのよい場所に栽培する。寒さに少し弱いので、冷涼な地方では冬季、根元にマルチングが必要。タネはないので苗を見つけたら購入する。

フランス人が朝よく飲むハーブティーのひとつで、気分を爽やかにします。宴会場で出されるフィンガーボールの香りに使われます。ミントとブレンドして、さらに胃腸にやさしいハーブティーになります。乾燥した葉はポプリに使います。

レモンバーム

シソ科耐寒性多年草
開花● 7～8月

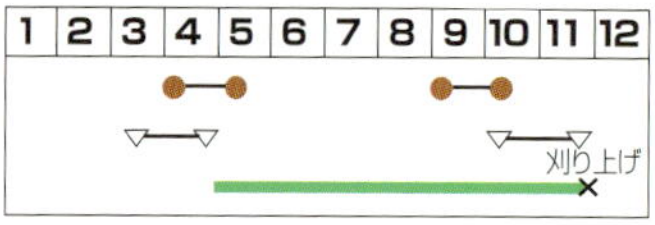

草丈● 50～60㎝
利用部位●葉
植え方●タネまき（春）、苗
増やし方●タネ（秋）、株分け
コンパニオン●ハチを呼ぶ。トマトの近くに植えると益虫を誘引する。昆虫の忌避作用もある。
効能●強い強心作用があり、神経衰弱や神経過敏の方、不安や心身の不調のある人を元気づけて気分を爽やかにし、気力を取り戻す。風邪、発熱、頭痛に有効。鎮静作用も。
栽培のポイント●どんなところでもよく育ち増えていく。半日陰でも大丈夫。生長を助けるため、肥料を定期的に与える。

ハウスキーピング（床にまく）として利用したり、サラダやケーキ、プディングの他、ハーブティーに利用してもおいしいです。特に果樹園周辺に植えるとハチが来てよく受粉します。乾燥すると香りが失われるので、生葉を使います。

ローズマリー

シソ科半耐寒性常緑低木
開花●春～夏、秋～冬

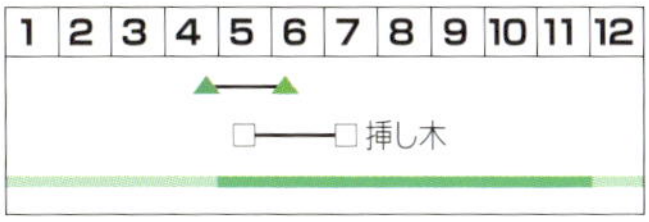

草丈● 1～1.5m
利用部位●葉、花
植え方●タネまき、苗
増やし方●取り木、挿し木、タネ
コンパニオン●ハチを呼ぶ。ミントとは相性が悪い。シソ科のセージとは特に相性がよくお互い元気に育つ。
効能●強壮、強心、比類のない興奮剤となり血液の浄化、過労、神経疲労の方に多面的な効能をもつ。防腐、健胃、リフレッシュ、血圧降下、頭痛緩和、利尿作用。心臓と頭脳の働きを強化し老化防止に。リュウマチの痛みにもよい。
栽培のポイント●立性とほふく性があり、場所を考えて苗、タネを選ぶ。花色は苗木の段階ではわからないので、一度育ててみてから花色を確認、気に入ったら挿し木で増やしていく。

常緑の葉はめでたい象徴として欧米では結婚式などに使われます。一年中利用でき、香りは長時間続きます。肉料理の臭み消しになり、ジャガイモやカリフラワーなどの野菜、魚介類にも合います。牛乳・白ワイン、オイル、ビネガーなどに香りを移し利用されます。香粧品や浴用など生活にも役立つ重要なハーブ。

ローリエ
（月桂樹、ローレル、ベイリーフ）

クスノキ科半耐寒性常緑高木

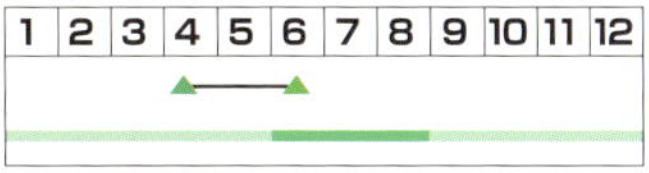

草丈● 7～8m
利用部位●葉
植え方●苗
増やし方●挿し木
コンパニオン●パセリ、セロリ、タイムと相性がよい。
効能●関節痛、神経痛、打ち身、捻挫、リューマチの痛みを和らげる鎮痛作用、発汗、健胃、防虫、麻酔、防腐作用。
栽培のポイント●風通しが悪いとカイガラムシがつきやすく、チャハマキ、ルビーロウムシも付着する。葉を取り除き、ブラシで擦り落とす。

乾燥させた葉を料理の臭み消し、香り付けにします。ブーケガルニ（90頁）に欠かせない材料。葉は新鮮なうちは苦味がありますが、乾燥するにつれて甘い香りになります。若樹のうちは樹勢が弱いので収穫しすぎないようにします。

ロケット
（ルッコラ、キバナスズシロ）

アブラナ科一年草
開花● 4～5月上旬

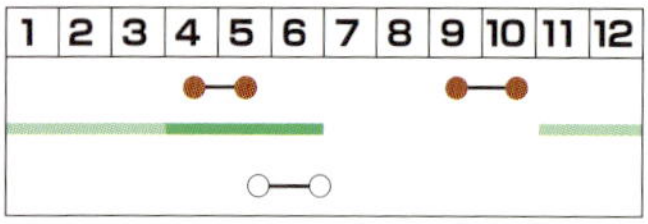

草丈● 30～60㎝
利用部位●葉
植え方●タネまき
増やし方●タネ
コンパニオン●ミント、セージ、タイムなどと相性がよく、アブラナ科につくガを予防する。
効能●強壮、健胃作用。鉄分、カルシウム、ビタミンCが豊富で、血液を浄化する。
栽培のポイント●春にタネをまくと青虫はじめ害虫被害にあいやすいため、秋まきがおすすめ。秋早めに直まきすると、真冬を迎えるまでに生長し地面にへばりついて冬を耐え、早春から収穫できるようになる。

生葉はピリッとしたゴマの風味がして、サラダに好まれます。ピザやパスタ、しょうゆドレッシングと豆腐との組み合わせなど和洋どちらにもよく合います。

ロベージ（ラビッジ）

セリ科耐寒性多年草
開花● 7～8月

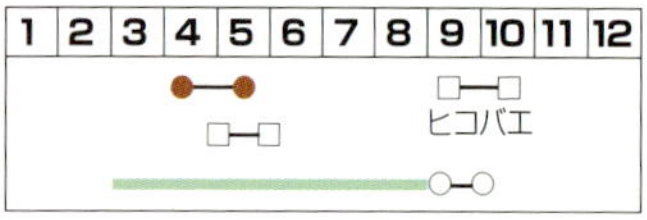

草丈● 50～60㎝
利用部位●葉、茎、根、タネ
植え方●タネまき、苗
増やし方●ヒコバエを春、秋に切り離して植える。
コンパニオン●特になし
効能●全草が健胃、利尿、偏頭痛・鼓腸緩和や、食欲増進作用がある。防臭、防腐作用。身体を温め浄化する。
栽培のポイント●肥料を施した排水のよい土壌に、十分な間隔を取って植える。半日陰でも育つ。

修道院の薬草園で栽培されていました。ややくせのある香りですが、スープの香りづけやサラダ、野菜としても用いられます。香りは長時間の加熱にも耐えます。タネはパン、ケーキを焼くときに使います。

4 タネや苗の購入前に－ここだけはチェック

ハーブと呼ばれる植物は実にたくさんの種類があり、どれを選ぶか迷います。香りを楽しむ庭ですから、まずは、自分好みの香りのハーブを育ててみるのが一番です。加えて、ハーブをどのように利用したいか（目的)、自分の庭の条件に合ったハーブか（環境)、相性のよい植物同士の組み合わせ（コンパニオンプランツ）などにも配慮して、少しずつ増やしていってください。

選ぶときのポイントは、以下の通りです。

1 ビギナーにおすすめはこの４種

はじめてハーブを栽培するという方には、ますローズマリー、セージ、タイム、イタリアンパセリの４種がおすすめです。パセリは二年草ですが、他は多年草で、どれも丈夫に育ち、一年中フレッシュでもドライでも料理・生活のあらゆる場面で役に立つ、キッチンハーブの代表格です。パセリ以外はティーに使えます。

使い方や扱い方がわからないうちに欲張って買うと、結局手が回らずに失敗したり嫌になってしまうので、このくらいからはじめてみましょう。

盗人のハーブの伝説

昔、ある盗人が、セージ、タイム、ラベンダー、ローズマリーをビネガーに漬けておいた液を身体に塗って、伝染病で死んだ人たちから金品を盗んだといわれます。
こんな逸話が残るほどこの４種の殺菌効果は優れており、ヨーロッパで最も身近で信頼されているハーブたちといえます。

2 目的別の選び方

●おもに料理・ティーに使うなら

ティーに使うハーブで基本的なものは、ミント、カモミール、レモングラスやマロー、レモンバーベナ、ローズヒップ（ドッグローズ）などです。

料理にはネギの代わりとして使えるチャイブやスパイシーな香りのバジル、ピザやパスタによく使うオレガノもおすすめです。

ミント類はコンテナで

日本の気候にぴったりのミント類は、地植えにすると地下茎が遠くまで伸びるので、茂りすぎて手に負えないほどになります。鉢やプランターなどのコンテナ栽培が無難でしょう。

●ポプリ、クラフトをつくるなら

乾燥させても色が美しいもの、香りが残るものが適しています。ポプリづくりには、香りの保留剤としてニオイアヤメも育てておくといいでしょう。

その他、ドライにして色の美しい花をいろいろと育てておくと重宝します（詳しくは73頁参照)。

ポプリに向くハーブ

ラベンダー、カモミール、コーンフラワー、マロウ、レモンバーベナ、チャイブの花、マリーゴールド、ジャスミン、キンモクセイなど。バラは香りのよいオールドローズ、つぼみをまるごと使えるミニバラがおすすめ。

サザンウッド
虫よけ効果がある他、葉の色、形に特徴があり、観賞用にしても楽しめます。

庭の北側で育つウコン
木陰や塀の下などの半日陰には日本のハーブをまとめて植えると便利。

●コンパニオンプランツを考えて

ハーブ同士は、お互いの生育を助ける組み合わせがあるので（44頁参照）、相性も考えて選び、配置するとよいでしょう。なかでもサザンウッド、ワームウッドは虫よけのハーブとして有名で、葉も美しいので花壇や通路の縁取りとして、ところどころに配置しておくと防虫効果も高まります。

3 多年草は苗、一年草はタネを購入

一年草とは、タネをまいてから生長して花を咲かせ、タネをつけると枯れる寿命が１年以内の植物をさし、春まき（バジルなど）と秋まき（ロケットなど）があります。二年草はタネをまいてから２年以内で一生を終える植物です。多年草（宿根草）は何度開花・実をつけても枯れずに冬や夏も株の一部、または全体が生き残る植物で、球根類も多年草のひとつです。多年草をタネから育てるのは手間がかかるので、苗を購入するほうがおすすめです。多年草は挿し木や株分けで増やすこともできます（61頁参照）。一年草の多くはフレッシュのまま利用します。用途が広く量がいるので、タネまきのほうが経済的です。

半日陰でも育つ西洋ハーブ

半日陰程度なら、ミント類、ホップ、チャービル、パセリ、セロリ、アンジェリカも丈夫に育ちます。

4 日陰・半日陰には和のハーブ

地中海原産のハーブは、日当たりのよい場所が求められます。それでも、庭にはどうしても半日程度は日陰になるようなところ（半日陰）や一日中日陰になるところあります。そこには、サンショウ、ウコン、ミョウガ、シソ、ミツバ、アシタバなどの和のハーブがおすすめです（108頁参照）。

アメジストセージ
セージの園芸品種。香りや薬効はありません。

5 観賞用の品種に注意

最近はハーブも多くの園芸品種が販売されています。主として観賞性を追求して改良され、なかには食用などの実用性には疑問

のある品種もあります。特にセージやゼラニウムは園芸品種が多いですが、料理などに使いたいのなら、コモンセージ、パープルセージ、ローズゼラニウムなどの在来種を選ぶのが無難です。園芸品種もガーデンやポプリの彩りとしては大いに役立つので、必要に応じて栽培してみましょう。

6 使用を制限したほうがいいハーブ

●薬草のなかには毒草もある

ハーブは薬草と定義されていますが、なかには毒草に分類されるものもあります。これらは専門家が適切に使えば薬草として優れた効果がありますが、素人が誤って摂取すると危険で、時には死に至ります。右の表の植物は観賞だけにしておきます。

[摂取してはいけないおもな毒草]

植物名	毒のある場所
ジギタリス	全草
シキミ	樹皮、葉、果実
スズラン	全草、特に根茎
チョウセンアサガオ、アメリカチョウセンアサガオ、エンゼルストランペット	全草
ドクゼリ	全草
ハシリドコロ	全草
フクジュソウ	全草、特に根茎
スイセン	全草、特に球根
シクラメン	根茎
クレマチス	葉茎
ヨウシュトリカブト	全草
クリスマスローズ	全草、特に根茎
アルニカ	全草、特に根茎
ヨウシュヤマゴボウ	全草（実以外）
イヌサフラン	全草

●体調・体質によって使用を制限したほうがいいハーブ

本によっては妊娠、小児、高血圧などの人は、特定のハーブの摂取を避けるべきと記されています。確かに薬用に大量に摂取したり、濃度の高い精油を使用したりするときは注意が必要です。しかし、私たちが日ごろハーブティーや料理などで使う量では、ほとんど問題になりません。

ただ、植物アレルギーのある人もいるので、医師から服用を制限されている方は、濃度は薄くても摂取を控えます。

ジキタリスの花
ハーブとして販売されています。強心薬になりますが中毒性もあり危険なので、服用は避け観賞用として楽しみます。

エッセンシャルオイルは天然の精油で、原液は濃厚ですから正しい知識、使い方を知らないと危険です。個人個人で反応は異なるので、医療関係者と相談したうえで使用することをおすすめします。特に飲用は少量でも避けてください。また、妊娠や出産などには禁忌のエッセンシャルオイルがたくさんあります。種類によっては通経、堕胎作用、催眠、幻覚作用があり、また分娩を誘発したり刺激したりするので、専門家の指導を受けましょう。

[体調によっては日常の摂取も注意が必要なハーブ]

植物名	注意点
アロエ	瀉下薬のため過度の使用は痔疾患を誘発
アンジェリカ	過度の使用は中枢神経の麻痺を誘発
カンゾウ	ナトリウムやカリウムの滞留をして血圧上昇作用。高血圧の方は避ける
コンフリー	生殖器を刺激。サプリメントは規制あり
ソレル	蓚酸を多量に含むのでリュウマチ、痛風、腎臓結石などの方は禁忌。食べすぎないように
ルバーブ	蓚酸を多量に含有。腎臓結石、尿路結石には禁忌。食べすぎないように

① わたし流、ガーデンづくりのコンセプト

●廃物を活用し、ゆっくり手づくり

私のハーブガーデンは、明治時代にできた絹織物工場の建物と、古い赤レンガ壁に挟まれています。古いながらも味わい深い建物の風情を生かした、温かみのあるガーデンにしたいと思いました。そこで、なるべく材料はもらい物や廃物を活かし、手づくりにこだわりました（経費削減のためでもあるのですが）。

近所からもらった中古の資材や家に眠っている廃材は、うまく活かせば年代物の味があり、野性味あふれるハーブたちにとてもなじむのです。素人作業ですからいびつな部分もあり、少しずつしか進みませんが、あれこれ知恵を働かせながら庭づくりをすることそのものが本当に楽しい作業です。気負わず少しずつ、自分で計画、作業してみてはいかがでしょうか。

●五感で楽しむ庭、ポタージェのすすめ

ハーブだけの植栽は単調な緑ばかりの庭になってしまいますから、私はハーブに加え、色とりどりの草花や、収穫の楽しみがある野菜、果樹、樹木も植えて、彩りよく装飾的に整形した庭、ポタージェ（フランス語で家庭菜園・混植菜園という意味）を実践しています。

いろいろな種類の植物が集まったポタージェでは、植物同士が助け合って無農薬でも丈夫なハーブや野菜が育ちます。香りも混ざり合い穏やかで心地よく、自然に人が集い会話も弾んで元気と勇気が満ち満ちてきます。

●お客様もくつろげる庭にするため見栄えにも配慮

ただハーブを育てて利用するだけではなく、ここにお客様を招きたい、訪れる人にくつろいでもらいたい、という思いもあったので、ガーデンは欧風の整形式にし通路を広く確保し、レンガでしっかり道を固め、見栄えにも配慮しました。一度に全部見渡せるのはつまらないので目隠しとなる構造物をつくり、奥に何があるかわからない期待感を味わってもらえるようにしてあります。

自分もお客様も庭に入り込んで、自然を五感で感じながら語り合う、この庭は多くの人との出会い、コミュニケーションを円滑

はじめは門はなく、ガーデンすべてが見渡せるデザインでした。これでは平面的なので、変化と立体感をもたせるため後日、右の写真のように通風を妨げない低めのレンガ壁、門をつくりました。

レンガ塀がちょうどよい目隠しになり、この先にどんな庭が待っているのか期待感をもたせます。ガーデンテーブルとガーデンチェアはずっと昔、街道とわが家の間の水路にかかっていた石橋を再利用。

【ガーデンのエントランス】(38頁Ⓐ)

にするのに大いに役立っています。毎日手入れするのが楽しく、お客様を招きたくなる見せ場のある庭づくりにぜひ挑戦してみてください。

庭の目的やイメージについては、家族の了解も得ておきます。規模は自らの体力や庭仕事にかけられる時間を考慮して決めましょう。

コラム　私のガーデンのお手本－ローズマリー・ヴェアリー夫人のポタージェ

イギリス・コッツウォールズ地方にあるバーンズリーハウスはポタージェ（キッチンガーデン）で有名です。イギリスで最も有名な園芸家の一人、ローズマリー・ヴェアリー夫人の手でデザインされたこの庭は、訪れる人を魅了してやみません。

野菜、ハーブ、花々は、きちっと刈り込まれたセイヨウツゲ、サントリナ、ラベンダーに囲まれ、支柱から園路の細部にいたるまで神経が行き届いています。

ここを訪れたとき、こんなすてきな庭をつくってみたい！と強く思いました。実際には気候の違いもありなかなかうまくいきませんが、目にも心地よく整然としているお庭は、やはり居心地のいいものです。

ここの野菜はとってもお行儀よくエレガント。

一本足のかかしも興を沿えています。

B キッチンガーデン

中央部にコンテナを置き、ポイントに。コンテナ周辺は土を盛り、ほふく性のローズマリーを５本植え、立体的な植栽にしました。

通路にはクリーピングタイムとグランドアイビー。踏むとよい香りが漂います。手入れや収穫をしたり、お客様に散策、観賞してもらうにも、十分な幅、丈夫さが必要です。

［凡例］

●色について
- （濃・淡）…ハーブ
- …花、花を使うハーブ
- …芝生
- …レンガ、枕木

●線について
- 赤線…構造物など
- 青線…ハーブ植栽
- ア～カ…42 頁を参照

A エントランス・ロックガーデン

［花壇は立体的に］
通路側に低いルバーブ
壁側に高いレモンバーベナ

季節の花(コンテナ)

ローズマリー(5 本)

ハニーサックルのアーチ

正面はナスタチウムで色彩よく

クスノキ

レンガの壁

レンガの壁、門

［ロックガーデン］
レモンバーム、ラムズイヤー
ローズマリー、野バラ
クリーピングタイム、エリカ

ドクダミ

［日陰のスペースに和のハーブ］

ハッカ

ウコン

入り口

道具置き場 エ

ペニーロイヤル

トレリス、ハンギングバスケット イ

［沿道の縁取り］
ボックス、サザンウッド
クリーピングタイム(小低木とほふく性ハーブ)

［半日陰で育つハーブ］
パセリ、セロリ、ロベージ
ルー、ミント、ホップ

Aエントランス・ロックガーデン

自宅の和風庭園にあった庭石を再利用。乾燥を好む、ほふく性の植物たちがよく似合います。

Cテラス

ここで庭を眺めながら摘みたてのハーブティーを楽しんだり、パーティーを開きます。最盛期の初夏～夏は、テラスで食事から仕事まで済ませてしまいます。

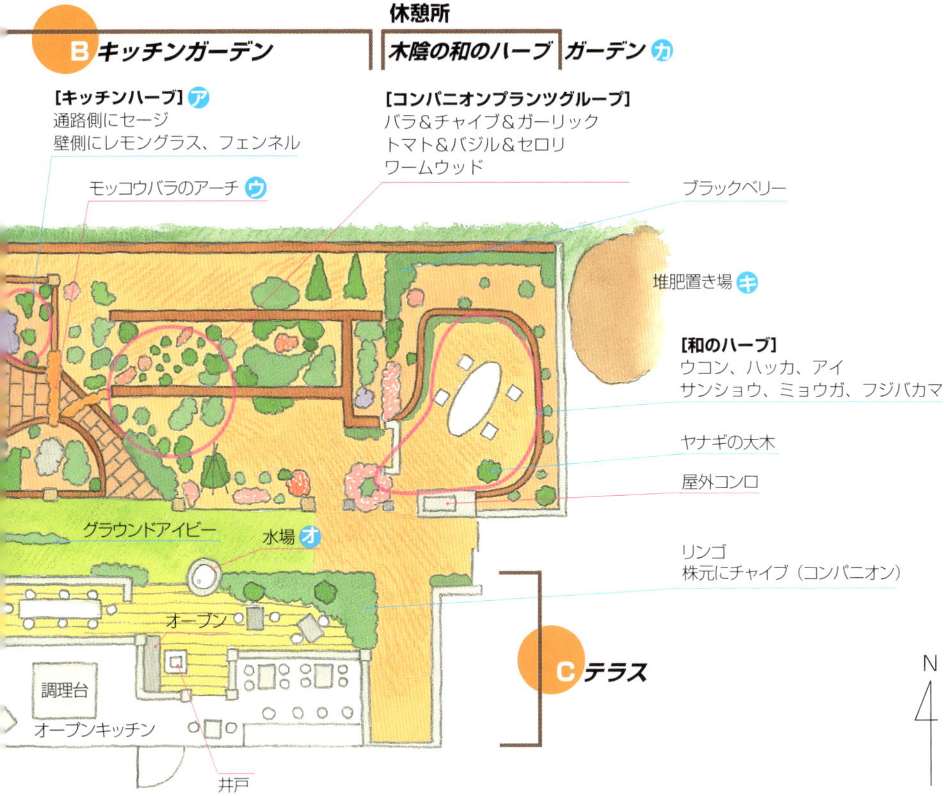

② ガーデンのデザイン・設計

●日当たり、排水、風通しが三大ポイント

まずは候補地の調査です。時間を追った日当たりの変化、風通し、水はけ、広さ、方位と隣接地の建物や植物などの様子、景色、周辺の道路幅や交通量、塀の高さなどを調査します。

1- 日当たりが一番大事

ハーブは日当たりを好むものが多いので、日照は最も重要な条件です。一日の日照の変化、季節ごとの変化をしっかり見極めます。日が一日当たる場所、半日程度日が当たる場所（半日陰）、ほとんど日陰になる場所と区分し、植栽に工夫します（34頁参照）。

2- 水はけの改善方法

やや乾燥ぎみを好むハーブも多いので、水はけのよさも求められます。雨が降ったときの水のたまり方、土質をチェックします。水がたまりやすい場所の場合は、庭全体にゆるやかな勾配をつくって水が流れていくようにします。水はけの悪い土の場合は、腐葉土、堆肥をたっぷり入れて土質を改善します。植物を植える花壇も、盛り土にして少し植栽場所を高くし、水はけをよくします。

3- 風通しはこれ以上悪くしない

風通しはちょっとしたことで悪くなりやすいものです。庭をつくるにあたり、風の通り道を遮断するような構造物をつくらないように気をつけます。壁や構造物は高くしすぎず、上部や下部に風通しの穴をあけておくなど工夫してみてください。

●用地の条件をよく調べて設計

場所が決まったら、方眼紙上に庭全体の図を縮尺を決めて書き込みます。次にどうしても動かせない、動かしたくない樹木や立ち木、建物、車庫、物置などを書き込みます。そして、場所ごとの日当たり、水はけ、風通しを考えながら、植物たちにとって快適な庭にデザインしていきます。

庭のデザインは、その人の好みを生かせる最大の楽しみです。私の庭のキッチンガーデンの部分は、イギリスのガーデンデザイナー、ローズマリー・ヴェアリー夫人のデザインをモチーフにしています。多くの庭を訪れたり、庭の写真集を見たりして、好みの庭のデザインを参考にするといいでしょう。

朝日を一番大事に

特に午前中の日は、植物の生長にとって大事です。もし東側に日光を遮るもの（大木や塀、物置など）があるときは撤去・移動も考えたほうがいいでしょう。

良質の土を分けてもらうのも有効

私の庭も水はけの悪い土でした。知り合いの苗農家から水はけのよい無菌の育苗用土をもらい、庭土に加えたおかげでだいぶんよくなりました。近くに安くわけてもらえるところがあれば、良質の土を入れるのも有効です。

レンガの壁にも風通しの穴を。

③ 土をハーブ向きに調整

●原産地の土に近づける

用地のデザインができたら、用地の耕作をして土つくりをしておきます。地中海沿岸地方原産のハーブの生育には、暖かくおだやかな気候と、乾燥してややせた弱アルカリ性のカルシウム豊富な土壌が不可欠です。対して日本の土壌は雨が多く、火山灰を含んだ弱酸性の土壌であることが多いので、より原産地の気候・土壌に近づけると、元気に香りよく育ちます。

●水はけ、通気性のいい土に

たっぷり酸素を含んで水もち、水はけもよく、根が伸び伸び生長できる柔らかい土をつくります。

まず、十分に時間をかけて雑草を抜き、スコップで土を深く掘り起こしながらゴロ石や古い根なども丁寧に取り除きます。

次に堆肥や腐葉土をたっぷり入れてよく耕しておきます。堆肥や腐葉土などの有機物は、土中の微生物の生育を促して通気性・保水性・保肥性のよい土をつくります。あまりに安価な輸入品の腐葉土は、未熟でハーブの生育に悪影響を及ぼすこともあるので避け、完熟の信頼できるメーカーのものを使いましょう。

●酸度を弱アルカリ性に調整

近くの改良普及センター、試験場などに頼んで土の酸度を測定し、必要ならば石灰を施して弱アルカリ性に調整します。

土全体を安定させるため、これらの土つくりの作業は少なくとも植えつけの３週間前には済ませておきます。

土の酸度は自分でも測定できる

大きなホームセンターや通販などで、一般用の pH 測定器を購入すれば自分でも手軽に酸度（pH）が測れます。他の植物に比べてハーブはややアルカリ性気味の土を求めますが、むやみに石灰を入れすぎても植物の生育には障害が出るので、できるだけ定期的に酸度測定をして必要な分だけ調節しましょう。

●肥料はごく少量でいい

野性的なハーブは、それほど肥料を必要としません。私は年に1回、微生物肥料（アーゼロンC）を１㎡あたり500～600ｇほど、米ぬかで培養してからまいています。あとは腐葉土、生ゴミ・ハーブの残渣《ざんさ》でつくった堆肥を春先に適当に土にすき込むだけ。「それだけ？」と驚かれますが、色も風味も濃く量的にも満足のいくできばえになります。肥料は少ないほうがハーブも一生懸命育つのではないかと思います。ただし、バジルと野菜類は肥料を多く求めます。バジルは肥料不足では葉がゴワゴワしてしまい、野菜も十分な量が収穫できません。例外として、バジルなどの葉ものには液肥を、その他の野菜類には油カスを月に1回ほど与えます。

花壇は奥行少なく、水はけよく

花壇の大きさは収穫しやすく、手入れもしやすいように手を伸ばして届くぐらいの奥行にします。それ以上の広い場所には枕木を渡したり、足場をつくっておきます。

花壇は水はけをよくするため盛り土にし、周囲に 10 ㎝ほどの溝を掘って水はけのよい状態をつくります。ヘッジ(へり)はレンガやボックス、わい性のハーブなどで囲んで通路と隔てます。周囲からぐるっと回りながら作業ができるように園路で囲んでもよいでしょう。(39 頁㋐)

構造物で奥行のある庭に

入ってすぐ庭の全容が見渡せてしまうのは、私には味気なく感じます。わざと奥が見えにくくなるように、構造物を置いたり木などを植えると、庭が広く感じ、見る方もこの先に何があるのだろうと好奇心がそそられます。

トレリスにはハンギングバスケットを掛けてアクセントに。(38 頁㋑)

モッコウバラのアーチ (39 頁㋒)

道具は使いやすい場所に

日々の手入れに必要なスコップや移植ゴテ、ジョウロ、せん定バサミ、針金、バケツ、フルイやカマなど、たくさんの道具は取り出しやすいところに保管できる場所を確保します。軒下や物置の壁を利用してフックを取り付けて掛けておくと、見慣れた道具もかっこよいガーデン装飾にもなります。（38 頁エ）

小鳥たちのための水場も

水場、餌場は小鳥のために欲しい場所です。お水を求めていろんな野鳥が訪れ、鳴き声にも羽音にも心が休まります。害虫も捕食してくれます。水場はスコップや長靴、泥まみれの道具の洗浄、水やりの水くみにも欠かせません。（39 頁オ）

余裕があれば休憩所、作業台も

余裕があればゆっくり庭の中にとどまるためのベンチやテーブル、植え替えや寄せ植えの作業を行なう作業台も設置しましょう。庭のポイントにもなります。

ただし、ヨーロッパの庭にあるような木製製品は、雨の多い日本の庭では劣化しやすく向きません。どうしても置きたいのなら、雨のたびに出し入れする手間を覚悟のうえで。（39 頁カ）

目立たない場所に堆肥コンポストを

あまり目につかないところに、生ゴミや残渣、落ち葉を処理できる堆肥コンポストを設置しておくと、資源のむだがありません。（39 頁キ）

6 ハーブガーデンは無農薬

ハーブは葉をティーにしたり食用にすることを前提に育てるので、農薬は使えません。でも私の庭には、人から驚かれるほど病害虫が少ないのです。自分でもなぜそうなのか、はっきりしたことはわかりませんが、とにかくいろいろと勉強して、ハーブたちによいとされていることは何でも実践しています。

ここでは、私が行なっている対策をひと通り紹介します。

1 植栽は適材適所が原則

日当たりを好むハーブは日当たりに、強い日差しが苦手で湿り気を好むハーブは半日陰になど、そのハーブが好む環境に植えてあげましょう。ハーブを生き生きと育てるコツは、これに限ると思います。

ハーブを配置するときは、それぞれのハーブの生長したときの高さも考えます。高さのあるハーブを後方（北側）、背の低いハーブを前方（南側）に植え、どちらにもまんべんなく日が当たるように配慮します。ユーカリやローレルなどの高木は、年々生長して周りに木陰をつくってしまいます。樹木は庭の中心ではなく隅、特に生長しても朝日をさえぎらない場所に植えてください。

逆に樹木や背の高いハーブの株元に、半日陰を好むハーブを植えて日よけにするという方法もあります。

2 コンパニオンプランツを活用

ハーブの香りは植物の生長を促し、昆虫を誘引し、害虫を遠ざけ、益虫を呼んだりする力をもっていて、お互いが影響しあい助け合っています。相性のいいものを隣同士に植えてやると相乗効

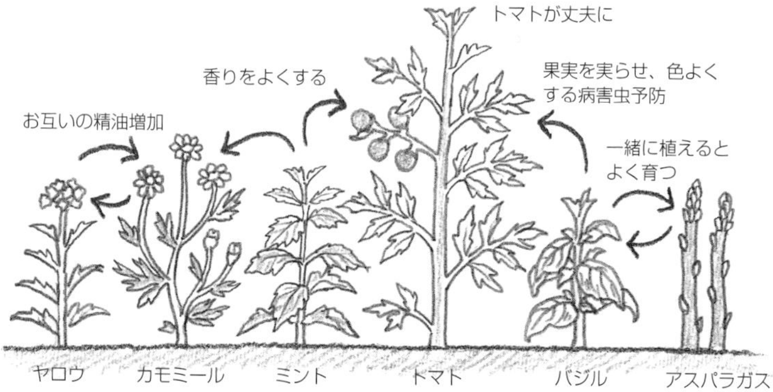

[表 1- 害虫・病気予防になるハーブ]

ハーブ	効　果
アスパラガス	各種防虫・センチュウ予防
コリアンダー	アブラムシの忌避効果
ゼラニウム、ルー	バラのマメコガネを減らす
タマネギ、 ガーリック	カブトムシ、アブラムシ、ニンジンバエに対して忌避物質となる キュウリのつる割れ病他多くの病気を予防
チャイブ	バラの黒点病やウドンコ病も減らす
ナスタチウム	多くの害虫の忌避物質になる
バジル	トマト、キュウリ、カモミールのアブラムシ、アオムシ予防、トウモロコシのアワノメイガ予防
マリーゴールド	根から出る忌避物質がセンチュウを予防 花のにおいはマダラテントウムシ他，多くの害虫予防になる。トマトのアブラムシも予防
ミント、セージ、タイム、オレガノなどシソ科のハーブ、ワームウッド、サザンウッド	アブラナ科のキャベツやブロッコリーのガ、モンシロチョウを予防する
ワサビ、カラシ	キャベツのモンシロチョウを予防する カラシやワサビの辛味成分は昆虫に対して防御作用

果を発揮し、野菜や花々の間にハーブを植えると、その防虫・抗菌効果など恩恵をこうむれるのです。これがコンパニオンプランツとしてよく知られている方法です。

おもな効果と組み合わせを表にまとめました。

料理のときに相性のいい組み合わせは栽培のときも相性がいいようです。ここに挙げた以外にも、工夫していろいろ試してみてはいかがでしょうか。

[表 2- 生育促進]

ハーブ	相性のいい植物
カモミール (ジャーマン)	ヤロウ、ペパーミント
カモミール (ローマン)	キャベツ類、ネギ類
コリアンダー	アニス
サマーサボリー	マメ類
サラダバーネット	ナスタチウム、ロケット、マジョラム、パセリ、タイム、ミント、チャービル
セージ	ニンジン、バラ、ローズマリー
セロリ	つるなしインゲン、トマト、キャベツ、ネギ
チャービル	ラディッシュ
チャイブ、 ガーリック	バラ、ニンジン、トマト
ディル	キャベツ類
ナスタチウム	ラディッシュ、トマト、キャベツ類、キュウリ
ネギ類	ニンジン、バラ、サマーセボリー、キュウリ
バジル	アスパラガス、トウガラシ
バジル、 マリーゴールド	トマト
パセリ	トマト、アスパラガス、バラ、トウモロコシ、ニンジン
ボリジ	ラベンダー、ストロベリー、ミント
マリーゴールド	バラ
ミント、 ベルガモット	トマト
ミント	キャベツ類
ラベンダー	バラ
レモンバーム	トマト
ローズマリー	ニンジン

1- 害虫・病気予防

特定の害虫が忌み嫌うハーブがあります（表 1）。

2- 生育促進、品質向上

香りがよくなったり、生長を促進させる作用があります（表 2）。

[表3- ハチを呼ぶハーブ]

レモンバーム	コリアンダー
ボリジ	ゼラニウム
スィートマジョラム	タイム
マリー	ディル

[4- 相性の悪い組み合わせ]

ハーブ	相性の悪い植物
カモミール（ジャーマン）	ネギ類
カモミール（ローマン）	キュウリ
コリアンダー	チャービル、フェンネル
ディル	セージ、ニンジン
ネギ類	トウモロコシ、マメ類
バジル	ルー
フェンネル	トマト、コールラビ、マメ類
ミント	キュウリ
ミント、ローズマリー	チャイブ、タマネギ、ガーリック
ユーカリ	忌避物質を出し、他の植物の発芽・生長を阻害
ローズマリー、セージ	キュウリ、ディル
ワームウッド	セージ、アニス、キャラウェイ、フェンネルなど

浸出液を使う
強力な殺菌・殺虫剤

トウガラシやガーリックを焼酎など度数の高いアルコールに漬けると、その殺虫・殺菌成分がアルコールに浸出し強力な自然農薬に。つくり方は簡単。ガーリックは皮をむき、トウガラシはそのまま瓶に入れ、焼酎をいっぱいに入れ1週間ほど置きます。このままでは強すぎるので、100倍程度に薄めて散布します。散布の際は吸い込まないよう気をつけましょう。

3- ハチを呼ぶ

香りでハチを呼び込み、他の植物の受粉を助けるハーブがあります（表3）。肉食のハチは害虫退治もしてくれます。

4- 生長を阻害

なかには相性の悪い組み合わせもあるので気をつけます（表4）。

[手づくり防虫剤・殺虫剤のつくり方]

①材料を細かく刻んで 鍋半分ほど入れ、水を8分目まで入れ、2～3時間煮出す。

②冷ましてこす。
＊ワームウッドは植物の葉に直接あたらないよう根元に与えます。

③初夏～夏、10～100倍に薄めて植物に定期的にふりかける。

③ ハーブで手づくりの防虫・殺虫剤をつくる

ハーブの防虫・殺菌成分を水やアルコールで抽出して、庭全体に散布し病害虫から守ります。特定の1種類を使い続けるよりも、いくつかつくって交代で使うほうがよいようです。

【煮出し汁を使う防虫剤】

[おもな材料]
（葉）ワームウッド、ローズマリー、タンジー、ミント、レモンユーカリ、ペニーロイヤル、コンフリー
（花）カモミール、除虫菊
つくり方は、左図を参照してください。

④ ハーブで良質の堆肥をつくる

●堆肥づくりを助けるハーブ

ハーブは良質の堆肥つくりに役立ちます。発酵を促進させたり、病原菌を抑えたりして、土の中の有効菌を助けます。

以下のハーブは、特にその効果が高いといわれています。

タンポポ・サラダバーネット・コンフリー・ネトル・ヤロウ・チコリ・カモミール・マリーゴールド・キャラウェイ・ヨウシュカノコソウ、西洋タンポポ、イラクサ、ヒマワリなど

上記のハーブ以外でも、ビタミン・ミネラル・アルカロイドなどの栄養分を豊富に含んだハーブは、肥料として最高です。せん定したり切り戻した枝葉は、捨てずに堆肥化して土に還しましょう。

[生ゴミ堆肥のつくり方]

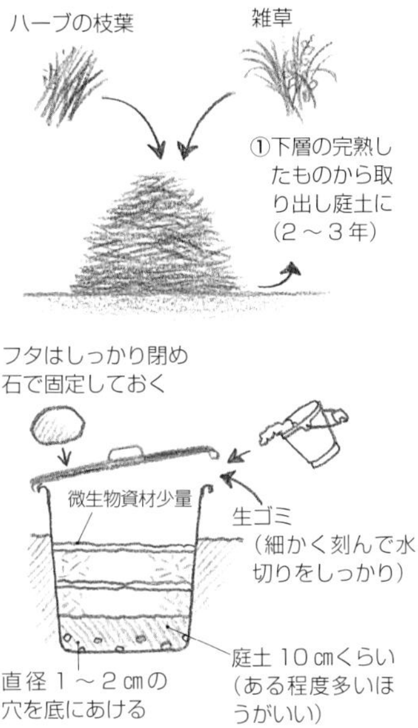

●わたし流ハーブ堆肥のつくり方

堆肥をつくるときも私はあまり手の込んだことはしません。切ったそのままを庭の隅に積んでおくだけです。数年たつと下のほうから土のような堆肥ができてきます。これを毎年少しずつ庭の土に混ぜていきます。

また、微生物資材（私の場合はアーゼロンC）を使い、生ゴミも堆肥化して肥料にし、土に返しています。

セイヨウニワトコ（エルダー）

木の葉や根からの分泌物は発酵を促進する物資を含んでいるので、庭木として植えたり、木の根元に堆肥コンポストをつくっておくといいでしょう。

5 輪作

同じ植物を一カ所で栽培し続けると、その植物を好む病害虫が集まってきたり、土中の養分が偏ったりして生育が悪くなることがあります。多年草のハーブは、一度植えると場所を移動するのが難しいのでしかたありませんが、一年草のハーブや野菜は毎年場所を変えて植えるようにしています。

多年草でもセージは3年目から生育が非常に悪くなるので、2年ごとに新しい苗で植えなおします。

6 同じ植物同士を固めない－混植のすすめ

専業農家の野菜畑で病気や害虫が多いのは、ひとつの野菜だけを大規模に育ててしまうからではないでしょうか。ひとつのハーブや野菜を何株も植えるときは、同じ種類の植物同士は離して植え、間に別の植物を植えておくと、病害虫もむやみに増えないように思います。

7 日ごろの病害虫予防・対策

無農薬でも健康的なガーデンを保つためには、何より予防。病害虫予防のために私が日ごろ行なっていることをあげてみます。

1- 毎日観察、病害虫は見つけ次第取り除く

毎日庭の手入れをしながらの観察が、最も大切です。

害虫を見つけたら、その場で捕殺。病気の葉は摘み取って焼却します。

2- マルチで泥跳ね予防

雨が降ると雨水で地上の土が跳ね、病気が発生する原因になります。私は知り合いの農家からもらうイナわらや、知り合いの彫刻家からもらうクスノキのチップを、植物の株元に敷いてマルチにし、泥跳ねを予防しています。特にクスノキは殺菌効果があるためか、とても効果があるようです。

塩ビのマルチは、あまり見栄えがよくないので、身近にある自然のものを有効活用するとよいでしょう。

3- 繁茂しすぎに注意―刈り込みでいつも風通しよく

ハーブはもともとやや乾燥した地域に育っているので、湿気や蒸れに弱いです。あまり繁茂させすぎると蒸れて下葉から枯れ上がってくるので、初夏から夏は収穫をかねて頻繁に刈り込み、いつも風通しよく保ちます。

4- 肥料のやりすぎは禁物

やせ地でも元気に生長するハーブは、肥料をやりすぎるとかえって軟弱になり、虫や病気がつきやすくなってしまいます。原則的には、春に有機質の元肥を控えめに与えるだけで十分です。

PART 2

ハーブガーデンの四季

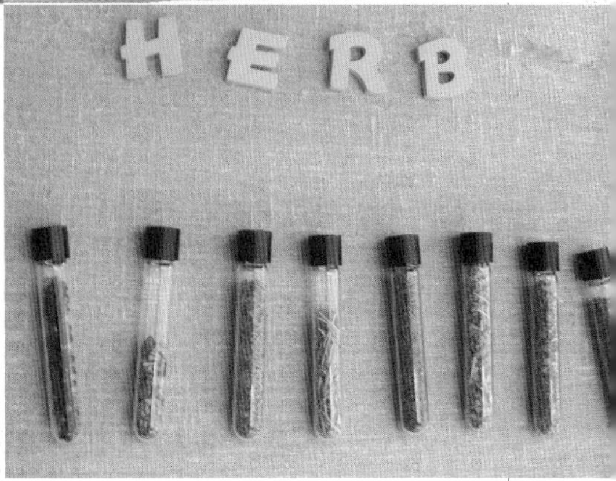

春

多年草が芽を出し、今年のガーデンがはじまる

長い冬ごもりに終止符を打ってくれるのは、私の庭ではルバーブです。他のどのハーブよりも先駆けて固く冷たい地面からたくましい芽をぐんぐん伸ばし、殺風景だった私の心と庭に今年の希望を届けてくれるのです。
「さあ！今年もがんばろう」とやる気と勇気をもらって、追われるように春の作業開始です。

いち早く葉を展開するルバーブ。この後、秋まで途切れなく茎を収穫できるので重宝。

ムスカリの花とパンジー。まだ肌寒く殺風景な庭で、パンジー・ビオラや秋まき球根の花が春を感じさせてくれます。

芽を出した多年草のルー。冬を持ちこたえてくれてホッとする瞬間です。

春のガーデンの作業

土おこし

2月下旬、庭はまだ休眠中ですが、この時期に天地返しを行ないます。スコップを柄のつけ根まで差し込み、30㎝程度の深さまで掘り返し、下層の土を日に当てて消毒しておきます。

土つくり

土おこしから10日～2週間後、堆肥、腐葉土をたっぷり入れます。土壌のpHを測定し、酸性に傾いていたら石灰で調整。微生物資材や有機質の肥料を控えめに入れるのもおすすめです。

タネまき・育苗

サクラが咲き終わるころ、十分に暖かくなってからタネまきをはじめます。発芽までの道のりは毎年気候によって左右されます。育苗は、容器ごとそのまま定植や移植ができ、植え傷みが防げるジフィーポットを使用しています。

1 タネまきから育苗

●タネまき時期は遅めがいい

関東地方では、3月のお彼岸過ぎから八重桜の咲くころまでがタネまきに最適の季節です。このころになると気温、地温ともに徐々に上昇してきて発芽までの期間も短く、その分危険も避けられます。とはいえ、まだまだ寒の戻りもあって油断できません。

花屋さんには、この少し前から温室育ちの苗が並んでいます。春の到来を待ちかね多くの人たちは気がはやり、ついつい買って失敗します。苗を購入するのも暖かくなってからです。

よいお店を選ぶのもタネ選びの大切な要素です。保存、管理のよい店のタネ売り場は、店先を避け奥のほうにあるのが普通です。

●直まきと育苗の使い分け

タネをまく場所は、花壇に直《じか》まきでも、市販の育苗容器でもかまいません。育苗容器は天気に応じて移動できるので、安全に苗を育てられます。直まきは雨や寒さなどの危険はありますが、移植のショックがないので根をよく張り丈夫に育ちます。

●育苗容器は土も容器も無菌に

畑の土や古い土、一度使用した鉢にはカビ菌や寄生虫などが混入していることがあるので、用土は新しい無菌用土を、容器はよく洗い日光に当てて乾かしたものを使います。用土の配合は、バーミキュライトとピートモスを1対1が基本です。市販の育苗用土も使えます。

慣れないうちは苗から

初めての人には苗からはじめるのをおすすめします。タネからでは時間もかかり風や雨、動物や昆虫の襲来の危険があり、丹精込めて育てていたら雑草だったなんてこともあるのです。

直まきに向くハーブ

一年草のディル、コリアンダー、ボリジ、ナスタチウムなどは移植を嫌い、直まきのほうが順調です。
チャービルは育苗箱にまき、室内管理にするほうが安全です。

[タネのまき方]

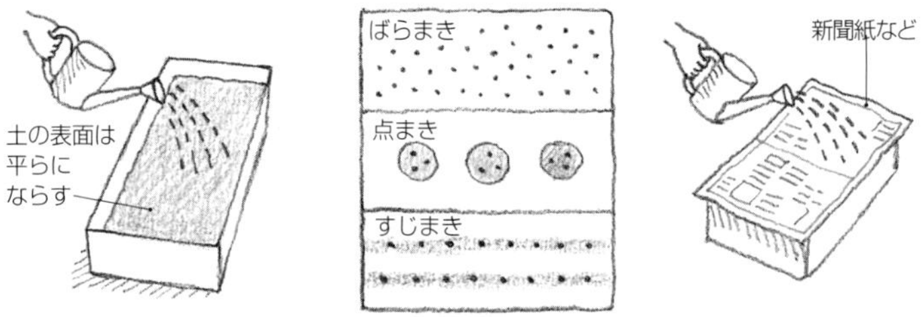

①育苗床に用土を入れて目の細かいジョウロで湿らせておく。

②タネまきし、軽く土をかぶせ、新聞紙などをかぶせて霧吹きなどで水やり。

③直射日光が当たらず風通しのよいところに置く。発芽まで毎日観察し、新聞紙が乾いたら水やり。

④発芽したら新聞紙を外して2～3日は日陰で管理。その後日光の下に置く。込み合ってきたら生育不全、変形苗の除去をし、均等な間隔に間引く。

＊細かいタネはばらまき、大きいタネは点まきがおすすめ。すじまきはどちらのタネでもでき、間引きがしやすいです。
＊発芽したら、晴れた昼は日向に、夜や雨の日は軒下など天候に合わせて移動し、大事に育てます。植え替え前は少しずつ寒さにもならし苗を強くします。

2 移植・定植

●しっかり育ったら移植

本葉が3～5枚程度になり、苗がしっかりしてきたらビニールポットに移植します。移植用の土は、赤玉土に腐葉土と堆肥を3割程度混ぜたものか、市販の培養土を使います。

●花壇に定植

根が十分に回ったころ、あらかじめ計画した場所にポットのまま置き、全体のバランスを見てから植えます。ハーブの場合、株間は基本的に25～30㎝は取ります。間が抜けているように見えますが、すぐ生長します。余裕があるほうが風通しよく生育もいいのです。畝《うね》を少し高めにすると水はけがよくなります。

浅すぎ、深すぎを避けてポットと同じ土の深さの穴をあけ、ポットの底の穴を押しながら根を傷めないよう静かに取り出し植えつけます。直後にたっぷり水やりしておきます。

●市販の苗は根をチェックして植える

市販の苗は、ポットの底穴から根が出るほど根詰まりしているものがあり、そのまま植えると根が窒息してしまいます。回りすぎた根を落としたり、根鉢に縦に切り目を入れたり、水の中で静かに根をほぐしたりしてから植えるとよいでしょう。

3 コンテナに植える場合

●新しい土で、株間を十分に取る

コンテナ栽培は、土の量に制限があるのでよい土を選ぶことが大切です。用土をブレンドすると、それぞれの性質、特徴を生かして相乗効果が期待できます（例：赤玉土大粒6、バーミキュライト2、腐葉土2）。市販の培養土は信頼できるメーカーの品質のよいものを購入してください。水はけのいい土であることが第一です。

コンテナは草丈、草姿を考慮して大きさを選び、株間を十分取って植えます。20㎝くらいの間隔をあけて植えるなら、長さ60㎝程度のプランターには2～3本です。背が高く伸びるハーブは、体を支えるために根を深く伸ばすので、深めのコンテナがよいでしょう。

[容器を選ぶポイント]

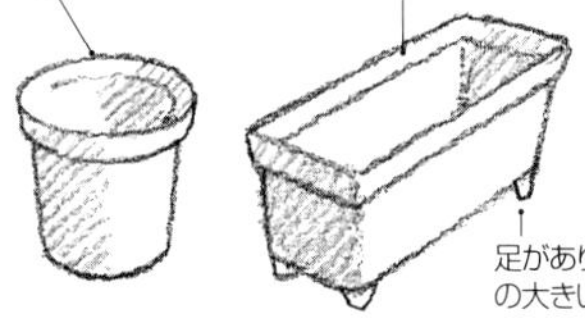

通気性のよい素焼き鉢がおすすめ
大きい容器なら持ち運びしやすいプラスチック製
足があり排水穴の大きいもの

[移植の仕方]

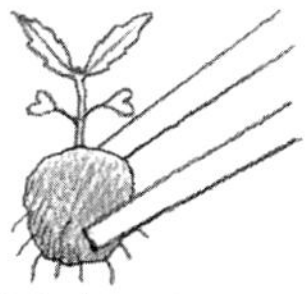

①移植ゴテや竹べら、割りばしなどで根土を落とさないようにして苗を取ります。

②土を半分ほど入れたビニールポットを斜めにして、その上に静かに寝かせます。

③ポットを静かにまっすぐに戻して上から土を補い、水やりします。

＊根は柔らかく傷つきやすいので、扱いは丁寧にしましょう。

コンテナの水やりのコツ

ハーブは乾燥気味のほうが植物自身のもつ力が発揮されよい香りを放ち、根腐れも予防できます。やりすぎは禁物。土の表面が乾いたら鉢底から水が流れるまでたっぷり与えます。

春のハーブ料理・クラフト

春まだ浅いうちからルバーブはみるみる生長し、他のハーブたちを目覚めさせていきます。次々と生長する一年草の若葉をさっそくフレッシュでいただきましょう。

ハーブティー

新芽を摘芯したり、せん定したハーブをお好みでブレンドし、色と香りを楽しみましょう。香りを味わいながらゆっくり飲むのがコツです。

ルバーブジャム

酸味がおいしく、次々と収穫できるので、そのつど新鮮なものでつくるとよいでしょう。たくさんできたら冷凍でストック、秋冬にパイ（86頁参照）も楽しみます。

エディブルフラワーの砂糖菓子

エディブルフラワーとは、食べられる花のことです。季節の花をかわいい砂糖菓子に変身させてみましょう。できあがったら冷蔵庫や冷凍庫で保存して、ケーキのデコレーションや付け合わせ、ハーブティー、紅茶などに添えて使います。

フレッシュハーブサラダ

春から秋まで、その季節のハーブを野菜と合わせて楽しめます。特にゴマ風味のロケットと豆腐、しょうゆドレッシングの相性は抜群です。

イースターエッグポマンダー

イースター（復活祭）に使われる卵には、命の復活、再生、誕生という意味があります。
卵の殻にドライハーブを入れ、布や和紙でかわいらしく装飾し、香りのプレゼントにすると、とても喜ばれます。

イースターハットポプリ

イースターは春を告げるお祭り。人々は身近に咲いた花々で思い思いに帽子を飾り、とびっきりの香りのおしゃれを楽しみます。このポプリはそんなイースターハットをイメージし、春に咲く香りの花々をあしらいました。

ハーブティー

[材料]

季節のハーブ各種（フレッシュは春～秋、ドライなら季節を問わず楽しめる）

[つくり方]

1. ティーポット（フタ付き）、ティーカップを用意し、あらかじめ温めておきます。
2. ドライの場合、ティーポット１杯あたり軽くひとつまみ（１g）を、フレッシュの場合はその３倍量を目安にポットに入れ、熱湯を注ぎます。
3. 葉は２～３分、硬い実は５～６分ほど蒸らし、カップに注ぎます。

＊ポイント

・好みでハチミツと一緒にいただきます。ハチミツは小皿などに用意し、ハーブティーとひとくちずつ交互に口に入れると、両方の風味を打ち消さず楽しめます。
・ハーブの分量は葉や花の形を残した状態(ホール）の量です。市販の粉状になったハーブティーを使う場合は、もっと少ない量で十分です。
・ローズヒップなどの硬い実は砕いてから、大きい葉はちぎって熱湯を注ぎます。
・香りの強いミントなどは、湯の温度を少し低くして入れます。
・ティーに向かないハーブもあります(65頁)。

ブレンドがおすすめ

ハーブティーは数種類をブレンドすることによって、よりまろやかに深みのある香りに変化します。好みのハーブ同士を思い思いに組み合わせてみましょう。
以下は私のおすすめのブレンド例です。

・「スカーレット」－リフレッシュ効果

ドライのレモンバーベナ（葉）とレモングラス（１～２㎝くらいにカットする）とペパーミントを合わせて大さじ山盛り１杯（フレッシュはこの３倍）に熱湯を注いで、フタを必ずして３分待ちます。

・「クルードガール」 ―ホルモンバランスを整えニキビ・吹き出物をおさえる

ドライのジャーマンカモミール、ラベンダー、ペパーミントを合わせて軽くひとつまみ、またはフレッシュを合わせて大さじ１杯に熱湯を注ぎます。

ルバーブジャム

[材料]

・ルバーブの茎…300ｇ
・砂糖…150ｇ
・レモン汁…８分の１個分
・（あれば）コアントロ…少々

[つくり方]

1. ルバーブの茎は洗って水気をふき取ってから、皮付きのまま１㎝くらいに切り、厚手の鍋に入れる。
2. 分量の砂糖を加え、まんべんなくよく混ぜ合わせる。
3. フタをして、中の弱火でゆっくりかき回しながら煮込む。茎の形がくずれてトロリとなったら火を止める。
4. 仕上げにレモン汁を加える（あれば香りづけにリキュールのコアントロを、さらに入れてもよい）。

＊ポイント

・ルバーブは地際からすべて刈り取ります。
・葉は蓚酸濃度が高いので食用にしません。
・砂糖を入れると焦げやすいので、ルバーブによくまぶしてからゆっくり加熱します。

エディブルフラワーの砂糖菓子

[材料]

・エディブルフラワー（ボリジ、バラ、ビオラ、カモミール、コーンフラワー、スナップドラゴン、カーネーション、セージなどハーブの花）
・ミントの葉、レモンバームの葉など…適量
・卵白、砂糖…適量
・絵筆

[つくり方]

1. 卵白を軽くフォークやはしでかきたてる。
2. エディブルフラワーやハーブの葉に絵筆で片面だけ１を塗り、バットに並べる。
3. ２にグラニュー糖をたっぷり振りかけて風通しのよいところで乾燥・保存する。

＊ポイント

・オレンジやレモンの皮もおすすめです。
・ナスタチウムは生で使うことが多く、花も大きくしわになりやすいので砂糖菓子にはあまり使われません。

ハーブサラダ

[材料]

・フレッシュハーブ（サラダバーネット、ソレル、 ロケット、ボリジ、ナスタチウム、チャイブ、セージ、パセリ、ロベージ、ミント、レモンバーム、フェンネル、マスタード、スープセロリ、エディブルフラワー各種など）
・季節の野菜（キャベツ、レタス、セロリ、キュウリ、ニンジンなど）
・豆腐…１丁

〈ドレッシング〉

・オリーブオイル、しょうゆ、白ワインビネガー…各大さじ４
・ゴマ油、砂糖…各大さじ１
・ゴマ…少々
・ブラックペパー…ホール 10 粒

[つくり方]

1. サラダボールに野菜とハーブを食べやすい大きさに切って入れ、混ぜ合わせる。
2. 豆腐は水切りし、8 等分にして 1 に加え、エディブルフラワーを彩りよく散らす。
3. ドレッシングは材料をよく混ぜて添える。

＊ポイント

・摘みすぎたハーブは、酢に漬け込んでハーブビネガーにすると長期保存できます。キッチンに酢を入れた瓶を用意し、余ったハーブを次々に入れて暖かい窓辺に置いておくだけ。ドレッシングやピクルス、マリネ、酢飯など、酢の代わりにも使えます。

イースターハットポプリ

[材料]

・麦わら帽子（クラフト用ミニサイズ）
・ドライラベンダー…少量
・ドライハーブ・フラワー…少量
・オーガンジー…少量
・リボン…6 ㎝

[つくり方]

1. 麦わら帽子の頭の中に、ラベンダーを 8 割程度入れる（ラベンダー同士がこすり合い香りを出やすくするため）。帽子頭より少し大きめにカットしたオーガンジーを、ボンドでとめてフタをする。
2. 壁掛け用に 6 ㎝リボンを半分折り、帽子のつばの付け根にボンドでしっかり貼り付け、乾くまでそのまま置いておく。
3. 表側頭部の周りにぐるっとラベンダーを貼り付けて、さらにドライハーブ・ドライフラワー各種を装飾していく。

＊ポイント

・ふつうの麦わら帽子のつばに、いろいろなハーブを飾るのもおすすめ。日に当たるとハーブの香りがしてきます。

イースターエッグポマンダー

[材料]

・卵　2 個
・ポプリ（好みのドライハーブ）…適量
・布または千代紙、和紙など…適量
・オーガンジー（10 × 10 ㎝）…１枚
・ハサミ、ボンド

[つくり方]

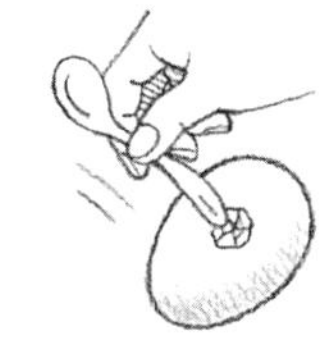

1. 卵は直径 1 〜 1.5 ㎝くらいの穴をあけ、中身を出してよく洗って乾かしておく。

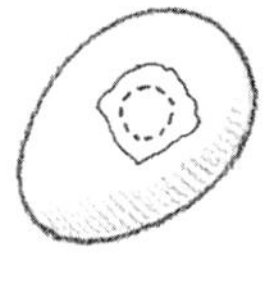

2. ポプリまたはドライハーブを卵の殻の 8 割程度入れてオーガンジーでフタをし、ボンドでよく貼り付ける。

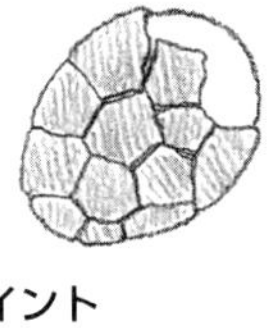

3. 卵全体に細かく切った布や紙を貼ってできあがり。

＊ポイント

・貼り付ける布や紙は大きいとしわになりやすいので、模様を活かしながら、なるべく小さくいろいろな形に切って貼ります。和紙は手でちぎってつけると趣が出ます。
・卵にリボンやひもをのりづけしてから布を貼ると、吊り下げるポプリになります。

初夏

フレッシュハーブを思いきり楽しむ

ゴールデンウィーク明けには地温も気温も上昇し、庭全体のハーブがむくむくと生長、思い思いの香りを放ちはじめます。生き物たちもセセリチョウにはじまって、キチョウ、モンシロチョウ、蜂や小鳥たち、そして、敏捷なアオスジアゲハが姿を現わすようになり、いよいよ本格的なハーブの季節到来です。

吹き抜ける風はハーブの香りをたっぷり含んでいて爽やかなことこの上なし。ハーブガーデンは至福の時を迎えますが、それも梅雨入りまでのほんのつかの間です。堪能する技は日ごろから磨いておきましょう。

初夏はさまざまな花の競演の日々でもあります。

写真は、チャイブの花（上）と
砂糖菓子に使うボリジの花（中）
ベルガモットの花（下）

シーズンに入ると私はほとんど一日中庭で過ごします。朝食も昼食も夕食も、接客、ハーブ教室から時にはデスクワークまで、すべてを併設したテラスとガーデンのティーテーブルですませてしまいます。

初夏のガーデンの作業

摘芯と雑草取り

暖かくなるにつれて、ハーブも雑草も勢いよく伸びはじめます。ハーブは摘芯して株張りをよくし、雑草は見逃さず抜きます。連日雑草と格闘しつつ、手入れをしながら収穫もする作業はかなりの肉体労働です。

それでも疲れしらずなのは、作業中に踏みつけたり、触れるたびにハーブが香り、まさに居ながらにしてアロマセラピー（香りの療法）を味わえるからです。おかげでたくさんの活力を庭からもらっています。

バジルのタネまき

５月に入ると、ようやくバジルのタネまきができます。バジルだけは発芽に高い地温が必要なので、この時期まで待ちます。このころにタネをまくと４～５日で発芽するので張り合いがあります。

1 風通しをよくするせん定

●どんどん摘芯して、収穫しながら株をつくる

[摘芯]

日本は多くのハーブの原産地、地中海沿岸地域の冷涼乾燥した気候と比べ高温多湿でかなり肥沃な土壌のため、ハーブの生長はめざましく、背丈は伸び放題になります。そのまま放置しておくと密集して風通しが悪く、蒸れ、腐り、病気や害虫に襲われやすくなり、花を咲かせて一生を終えてしまいます。丈夫なハーブといえども、日本ではまめな管理が必要です。

少し背丈が伸びてきたら、まずは摘芯。葉がついているところが10㎝以上になったら、数センチを摘み取っておくと（摘芯）、そこからわき芽が生長し、こんもりとした姿の丈夫な株になっていきます。ある程度茂ってくると、枝が密生して蒸れやすくなってきます。枝を数本ずつ株元から間引きせん定し、風通しもよくすることを心がけます。

[梅雨前の刈り込み]

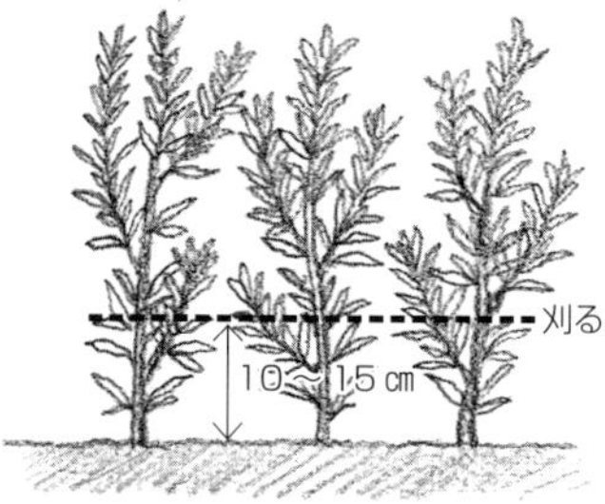

梅雨前に地際から10～15㎝のところから刈り取る

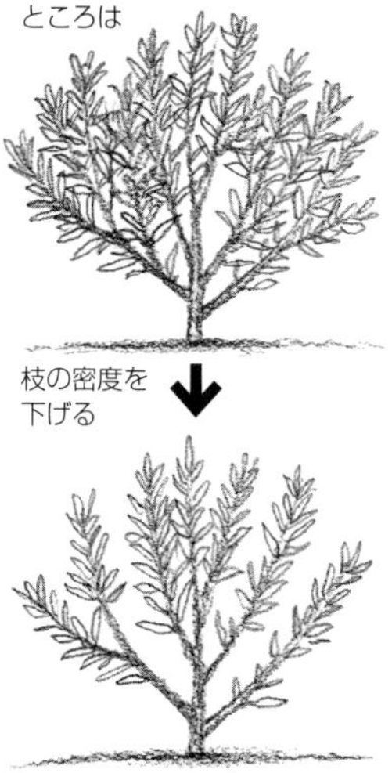

●花は咲く前に摘み取る

ハーブは、おもに葉を収穫して利用します。花が咲いてしまうと、花や実をつくることに栄養を使ってしまい、葉の生育がとまってしまったり、葉が固くなって風味が失われてしまうことがあります。ハーブは初夏から開花することが多いので、花を利用するハーブ以外は、つぼみのうちに摘み取ってしまいます。

●梅雨前に思い切って刈り込み

梅雨に入ると、蒸れと泥跳ねなどで病害虫が発生しやすくなります。梅雨の前にかなり短く、思いっきり刈り込んで長雨に備えます。こうしておくと梅雨明けには元気な新芽が次々出て、あっという間に見事な株によみがえります。ただし、たくさん収穫してもこの時期は湿気のせいで乾燥、保存には向きません。フレッシュで使い切りましょう。

雷雨や台風、強い雨は葉裏に泥を跳ね上げます。泥にはカビ菌が付着していて、これが病気を誘引します。泥跳ねを防ぐために、根元にわらやバークチップなどを敷き詰めたり、風対策として、背丈の高くなるハーブは支柱で支えたりしておきます。

2 ハーブを増やす

多年草のハーブも、数年育てているうちに勢力が弱くなったり、狂ったように花を咲かせることがあります。こんな時は寿命なので、挿し木、取り木、株分けをして株を更新すると若返り、再び元気に育ちます。はびこりすぎている株をコンパクトにしたり、さらに株を増やしたいときにも、ぜひやってみましょう。

温暖な５月から梅雨の間は、挿し木、取り木の作業に最適な季節です。特に梅雨の湿気のある時期は発根しやすく、成功しやすいといわれています。株分けは秋（後半）か春早い時期、植え替えのときに行ないます。

挿し木（挿し芽）

向いている植物：オレガノ、レモンバーベナ、ラベンダー、バジル、ナスタチウム、マジョラム、ローズマリー、ワームウッド、サントリナ、サザンウッド、セージ、タイム、ローレル、ミント、ハニーサックル

[挿し木の仕方]

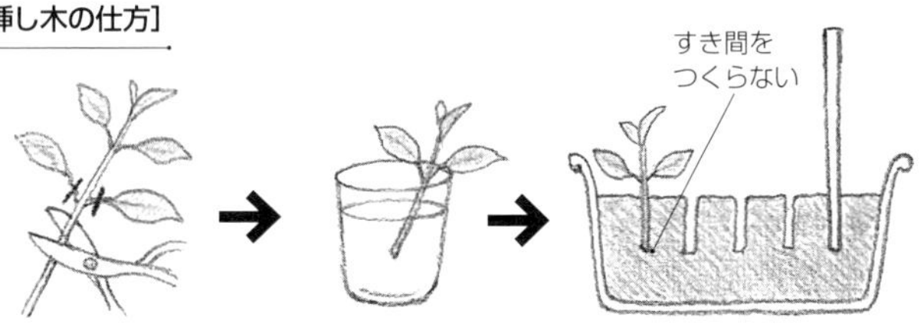

1. 若い充実した芽を選び、切り取る。

2. 葉を２～３枚残して取り、１時間以上水揚げする。

3. バーミキュライトや無肥料の育苗用土をポットやトレーに入れ、十 分水やりする。棒で穴をあけて挿し穂を挿し、明るい日陰で３～４週間育てる。水は土の表面が乾いたら与える。

取り木

向いている植物：セージ、ローズマリー、タイム、マジョラム、ローズマリー、ローレル、レモンバーベナ、ホップ、ミント、ドッグローズ、ハニーサックル

[取り木の仕方]

若くて曲げやすい茎を地中に埋め、浮き上がらないように石などをのせておく。秋には発根し、新芽が出てくる。これを掘り上げて移植する。

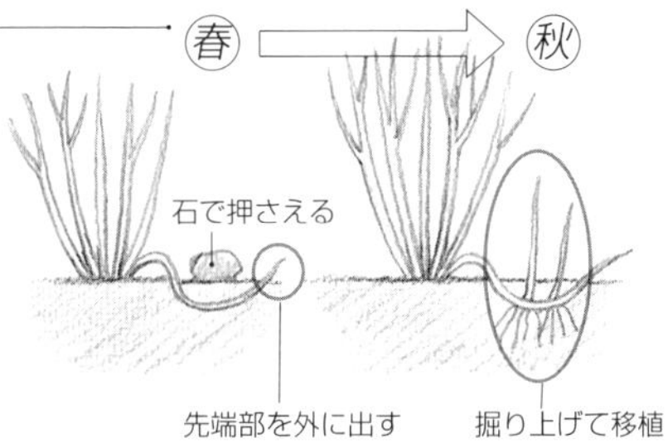

株分け

向いている植物：オレガノ、サラダバーネット、セロリ、タラゴン、チャイブ、パセリ、フェンネル、ミント、ラベンダー、ルバーブ、レモングラス、レモンバーム、ロベージ

[株分けの仕方]

株の上部を半分ほど切り、根をつけて掘り上げる。手、あるいはせん定バサミで根と株を数株に分け、整地した場所にすぐに植えなおす。

初夏のハーブ料理・クラフト

この時期のハーブは、フレッシュのままふんだんに利用するのが一番です。香りとビタミンとミネラル、微量元素や多糖類など、さまざまな栄養素を含むハーブは大地からの恵み、自然の薬箱です。これさえあればスパイスの効いたひと味違う暮らしができるのです。

フィーヌゼルブ

チャービル、タラゴン、イタリアンパセリ、チャイブのフレッシュを使ったフランス料理の基本のハーブミックスです。加熱で損なわれやすいデリケートな香りと風味は、フレッシュだからこそ味わえるこの季節の醍醐味。

ハーブチーズ

簡単で栄養たっぷり。本格的なチーズと思えるほどのできばえです。フレッシュハーブさえあればプロの味が手づくりで楽しめ、ホームパーティーでも活躍します。

フィーヌゼルブオムレツ

フィーヌゼルブは卵料理によく使われます。手早く調理して香りが飛ばないようにするのがコツです。

ハーブバター

フレッシュハーブのみじん切りとお好みでガーリックを入れたハーブバターは、風味がよく万能で人気物。チャーハン、スープをはじめ肉、魚介、洋食、和食によく合います。小分けにして冷凍すればいつでも大活躍です。

ハーブオイル
ハーブビネガー
ハーブワイン

摘芯したハーブが余ったら、オリーブオイル、酢、ワインに入れてみましょう。香りが移り、ハーブオイル、ハーブビネガーは料理に幅広く使えます。ワインは好みでいろいろなハーブを試してみてください。

マスの香草焼き

魚の中にハーブを詰め込んで焼くと、生臭さをとり芳しい香り付けをすることができます。魚のハーブとも呼ばれ、魚と相性のいいディルの生葉を添えて。

フィーヌゼルブ

[材料]
チャービル、タラゴン、イタリアンパセリ、チャイブ…同量ずつ

[つくり方]
それぞれの材料を細かく刻む。すぐに料理に使うのが、香りを活かすコツ。

＊ポイント
・この他、オレガノ、バジル、フェンネルやサフランなどを加えることがあります。
・卵料理によく使われます。また、魚や肉料理の臭みとりに使います。香りが飛びやすいハーブなので、加熱する料理に入れるときは、最後の仕上げに入れます。

フィーヌゼルブオムレツ

[材料]（1 個分）
・フィーヌゼルブ…みじん切り大さじ 3
・卵…4 個
・塩、こしょう…少々
・バター…30 g

[つくり方]
1. ボールに卵を割り入れ、菜ばしの先端をボールの底につけて切るように混ぜ合わせて、塩・こしょうし、フィーヌゼルブ大さじ 2 を入れて軽く混ぜる。
2. 厚手のフライパンか浅い鍋にバターを溶かして、1 を流し込む。
3. 残りのフィーヌゼルブ大さじ 1 を振り入れて、形を整え焼き上げる。

ハーブバターライス

ハーブバターを炊きたて熱あつご飯に混ぜてパセリを散らすだけで、香り高いハーブバターライスになります。

ハーブチーズ

[材料]
・フレッシュハーブ（チャイブ、イタリアンパセリ、オレガノ、マジョラム）…大さじ 2
・クリームチーズ…250 g（1 箱）
・塩…小さじ 2 分の 1
・ブラックペパー（粗びき）…小さじ 1

[つくり方]
1. クリームチーズをさいころ状に 12 等分に切って丸める。
2. フレッシュハーブのみじん切りとブラックペパー、塩を小さなボールに入れて混ぜ、その中に 1 のクリームチーズをころがしてまんべんなくまぶす。
3. 容器に盛り付けてできあがり。

＊ポイント
・パーティー用には、チーズを大きくひとつに丸めて大皿に盛り、カットして食してもよいでしょう。デコレーションにハーブやハーブの花を散らします。
・市販のヨーグルトを水切りしてクリームチーズの代わりに使ってもおいしく、ヨーグルトをたっぷり食べられます。

ハーブバター

[材料]
・フレッシュハーブ（チャイブ、イタリアンパセリ、オレガノ、マジョラム）…大さじ 2
・ガーリック… 1 かけ
・レモン汁…少々

[つくり方]
1. バターを室温にしておく。
2. フレッシュハーブをミックスしてみじん切りにし、1 に加えてよく混ぜ合わせる。
3. すりおろしたガーリックを加え、さらによく混ぜる。
4. レモン汁を加えてできあがり。

＊ポイント
・バターをポリ袋に入れて、上から手でもむと柔らかくなります。その後、すべての工程をこの中ですると便利です。
・酸化を防ぐために、材料を切ったら作業は手早く済ませます。製氷皿にできあがったバターを入れて冷やし固め、ひとつずつラップして冷凍しておくと便利です。
・スープやトースト、チャーハンやピラフ、各種肉料理など広範囲に楽しめます。

ハーブビネガー&ハーブオイル

[材料]

〈ビネガー〉

・ダークオパールバジルなどフレッシュハーブ…適宜

・醸造酢・ワインビネガー・りんご酢…適宜

〈オイル〉

・ガーリック（ドライ）、バジル、ローズマリー、セージ、タイム、ディル、チャイブ、コリアンダー、オレガノ、フェンネルなど

・オリーブオイル

[つくり方]

軽く洗って水気をしっかりふき取ったハーブを、酢またはオリーブオイルに完全に漬かるように入れる。

＊ポイント

ハーブオイルは腐りやすいので、短期間で使い切る分をつくりましょう。特にガーリックは水分が出るので乾燥したものが便利です。

ハーブ酒

使う酒は、アルコール度数の高いものを選びます。

●ローズマリーの白ワイン

[材料]

・白ワイン…1本

・ローズマリー…1枝（10㎝くらい）

[つくり方]

1. 白ワイン1本の栓を抜いて、小さじ1杯ほどのワインを取り出す（ハーブを入れたときあふれないように）。
2. 軽く洗って水気をふき取ったローズマリー1枝を入れ、フタをする。
3. 1週間後、ローズマリーの枝を取り除いてできあがり。瓶にラベルを貼る。

＊ポイント

・ローズマリーは興奮作用があるので、夜寝る前には向きません。わが家では眠れなくて困った人がいます。

・同じやり方で、セージと赤ワインの組み合わせもおすすめ。肉料理によく合います。

マスの香草焼き

[材料]（4尾分）

・天然のマス（内臓を取り除いたもの）…4尾

・塩、こしょう…少々

・バター…50～60ｇ

・シメジ、エリンギ、マッシュルーム、エノキダケなど…100ｇ

・ガーリック…1かけ

・レモン汁…少々

・フレッシュハーブ…各大さじ1
（フェンネルまたはディル、チャイブ、タラゴン、チャービル）

[作り方]

1. マスは内臓を取り出してよく洗って水気をふき取り、軽く塩、こしょうしておく。
2. 小さなソースパンにバターを溶かす。
3. きのこ類をみじん切りにして、ガーリックも細かく刻み1に加えて弱火で4分から5分程度、焦げないようにゆっくりといためる。
4. フレッシュハーブをみじん切りにして、レモン汁、塩、こしょうを少々手早く加えて混ぜ合わせ、4等分してマスの腹に詰め込む。
5. バターを塗ったアルミホイルに包んで180℃のオーブンで15分焼く。
6. ディルかフェンネルの葉を飾る。

＊ポイント

・マスは新鮮なものを使い、内臓を手早く取り出してよく洗います。
マスは関東地方では3月20日ごろから9月20ごろまで解禁されます。この期間にフレッシュハーブで楽しみます。

ティーには向かないハーブ

料理用のハーブのなかには、お湯ではよい香りが出ず、ティーに向かないものもあります。ふつう、ティーにはしないハーブには以下のようなものがあります。
オレガノ、コリアンダー、サマーセボリー、サラダバーネット、セロリ、タラゴン、チャービル、チャイブ、ディル（葉）、ナスタチウム、パセリ、ボリジ、ルバーブ、ロケット、ロベージ

バジルペースト

バジルは初夏から夏の間次々に繁茂して、もてあますこともしばしば。肉厚で乾燥保存は素人には難しいので、ペーストにしておくのが一番です。長期保存ができ、さまざまな料理に応用できます。

バジリコスパゲティー

バジルペーストを使った手軽にできる料理です。仕上げにフレッシュの葉をあしらえば食欲もそそります。

ハーピーポークロール

摘芯やせん定したハーブを利用して、香り高い肉料理もつくってみましょう。煮込んだスープを使ってハーブソースもつくります。

新ジャガイモとローズマリー

ほくほくとおいしい新ジャガイモ。ちょっと目先を変えてローズマリーのみじん切りと一緒にいためてみましょう。簡単、手軽にでき、ハーブ料理の手はじめにおすすめです。

お風呂用バッグ

どんなハーブもたっぷりミネラルを含んでいるので最高の入浴剤になります。手づくりのハーブ袋に入れて浮かべ、バスタイムを優雅に演出しましょう。

バジルペースト（ジェノバ風）

[材料]
- ・スィートバジルの葉…15 g
- ・ガーリック…1 かけ
- ・マツの実…50 g
- ・パルメザンチーズ…大さじ 4
- ・オリーブオイル…大さじ 6
- ・塩…小さじ 1

[つくり方]
1. ミキサーまたはフードプロセッサーにバジルの葉を入れ、細かくする。
2. ガーリック、マツの実、塩、チーズを入れて滑らかなペースト状に仕上げ、さらにオリーブオイルを少しずつ加えてできあがり。

＊ポイント
- ・パスタの他、パンにつけても、ドレッシングの材料としても重宝します。
- ・保存する場合は清潔な瓶に入れ、酸化を防ぐために少量のオリーブオイルを表面に入れてカバーしておきます。
- ・保存したペーストを使用する場合は、フレッシュ感を出すためにみじん切りのパセリを少量加えるとよいでしょう。

バジリコスパゲッティー

[材料]（3 人分）
- ・パスタ…300 g
- ・バジルペースト…大さじ 1
- ・フレッシュハーブミックス…大さじ 1
（ローズマリー、ミント、バジル）
- ・バジル（装飾用）…1 枝

[つくり方]
1. パスタをゆでます。ゆで汁の少量でペーストを溶かしてあえます。
2. フライパンにオリーブオイルとガーリック（つぶしたもの 1 片）、赤トウガラシ 1 本を入れて火にかけます。
3. オイルに香りが移ったらフレッシュハーブミックスのみじん切りを加えて混ぜ、1 のパスタとあえます。
4. 皿に移してバジルの枝を飾り、好みでマツの実を散らします。

食卓の王様、バジル

トマトと相性抜群のバジルは、初夏～夏の食卓の王様。香りは揮発性が高いので料理には仕上げ寸前に使って香りを十分に活かし、フレッシュの葉で装飾して楽しみます。食べる直前につくりたいものです。

ハービーポークロール

[材料]（4 ～ 5 人分）
- ・豚ヒレ肉（塊）…500 g
- ・合びき肉…300 g
- ・タマネギ…中 2 個
- ・ニンジン…1 本
- ・ガーリックパウダー…小さじ 1
- ・ブラックペパー（粗びき）…大さじ 1
- ・ナツメグ（パウダー）…小さじ 1/3
- ・オレガノ（フレッシュみじん切り）…大さじ 2
- ・イタリアンパセリ（同上）…大さじ 1
- ・ブーケガルニ（スープセロリ、タイム、セージ、ローリエ）…1 束
- ・塩…小さじ 1
- ・固形スープの素…2 個
- ・氷水…20 ml
- ・サラダオイル…適量

[つくり方]
1. 豚ヒレ肉は観音開きにして塩、こしょうしておく。
2. タマネギ 1 個はみじん切りにして、サラダオイル少々をひいたフライパンでいためる。
3. ひき肉をボールに入れてほぐし、氷水を少しずつ加えて練り、ブラックペパー、ガーリックパウダー、ナツメグパウダー、2 を入れて耳たぶ程度の固さになりねばりが出るまでよく練り、細長く成型する。
4. 1 のヒレ肉の真ん中に縦長に 3 を詰め、たこ糸でしっかり結びポークロールにする。
5. 鍋に水 1 リットル、固形スープの素、ニンジン、タマネギ乱切り 1 個分、オレガノ、イタリアンパセリ、ブーケガルニを加え、アクを取りながら煮立てていく。
6. ポークロールを加えて、さらに煮込んで汁が 3 分の 1 になったところで肉とブーケガルニを取り出す。残りの汁はとろみが出るまで煮詰めてハービーソースをつくる。
7. 取り出したポークロールを輪切りにして皿に盛り、ハービーソースをかける。

＊ポイント
- ・ひき肉は鮮度と風味を保ち、雑菌の繁殖を防ぐため、できるだけ冷たい状態で練り上げます。氷水を張った容器にボールをのせて作業するとよいでしょう。

・オレガノはフレッシュの分量で記してありますが、秋はドライでもできます。レシピの 1/3 の量にします。

新ジャガイモのローズマリー風味

[材料]（4 ～ 5 人分）
・新ジャガイモ…中 5 個
・ベーコン…3 枚
・バター…5 g
・塩…小さじ 1
・こしょう（粗びき）…小さじ 1
・ローズマリー…大さじ 1
・サラダオイル…適宜

[つくり方]
1. ジャガイモは皮ごとゆで、皮を取りマッシュしておく。
2. ベーコンは細かく切ってフライパンでいためる。
3. ボールに 1 と 2、バター、みじん切りにしたローズマリーを入れてよく混ぜ合わせ、好みの形に成型する。
4. フライパンに少量のサラダオイルを敷いて、カリッと焦げ目がつくまで焼く。

＊ポイント
・ゆでたジャガイモをマッシュせず、乱切りにして油でいため、ローズマリーと塩・こしょうをかけるだけでもおいしいです。

お風呂用ハーブバッグ

[材料]
・木綿布（30 × 20 ㎝）…1 枚
・ハーブの葉各種…少々
・アクリル絵の具＆筆、パレット…一式
・麻ひも（20 ㎝）…1 本
・新聞紙、水入れ、針、糸、ハサミ

[つくり方]
1. 木綿布にハーブの絵柄をプリントする。自分で育てた好みのハーブの葉を摘んで新聞紙の間に挟んで軽く押して形を整える。
2. 形が落ち着いたら葉裏に葉脈に沿って絵の具を塗る。
3. 布の表に塗り面を置いて上から新聞紙をのせ、手のひらで軽く平らに押さえてプリントする。
4. 乾いたら布を中表にして袋に縫う。
5. 中にフレッシュハーブをひとにぎり入れて口を麻ひもで縛る。

＊ポイント
・絵の具は葉の形がよくわるように境界をしっかり塗ります。
・お風呂に入れるハーブはフレッシュでもドライでもいいです。
・古くなったモイストポプリをバスソルトとして入れるのもおすすめです。

コラム　お風呂におすすめのハーブブレンド

◆リフレッシュ（やる気が出る、週の前半に）
・ローズマリーとミント
・セージとタイム
・レモングラスとレモンバーベナ
・ペパーミントとレモンバーム
・ユーカリ

◆リラックス（週の後半）
・ラベンダーとバラ
・マジョラムとカモミール
・リンデンとカモミール
・ラベンダーとミント

◆お楽しみ（週末に）
・バラカップ1、ラベンダーカップ２分の1、クローブ３～４個
＊夕闇や月明かりの中、ロウソクを灯してこのハーブのお風呂に入ると幻想的な気分に浸れます。
・シナモン 1 本をリンゴ酢カップ 1 に浸したもの
＊酢は洗浄力が高いので、じっくり入って体を清浄にします。

◆夏のお風呂（リフレッシュ、デオドラント効果）
・ラベンダーとミント

◆秋のお風呂
・ジャスミン大さじ 2、カモミール大さじ 2、オートミールカップ 1
＊肌がしっとりうるおうハーブを集めました。保湿と美肌効果抜群です。

◆冬のお風呂（体の芯からぽかぽか）
・ジンジャー（親指大）のすりおろしとレモン汁、オレンジかユズの皮。鍋に入れてカップ 3 の水を加えて煮る。袋でこして液と袋を湯船に浮かべる。

香りの芸術－ポプリの楽しみ

ラベンダーとバラのポプリ（ドライポプリ）

スリーピングビューティーポプリ（ドライポプリ）

ラベンダーの丘のポプリ（ドライポプリ）

丹精込めて育てたハーブと花々。できればずっと永くこのままでいて欲しいと願うもかなわず…。

でもポプリにしておけばもう一度命を吹き込みよみがえらせることができるのです。

●ポプリとは

ポプリは、四季折々の花々や果皮、ハーブ、スパイス、香料、苔《こけ》、精油など数種類を混ぜ合わせて一定期間熟成させた一種の室内香です。

瓶や壺などに入れて時々フタを取って香りを楽しみ、また小さな穴のあいた容器（香り壺）や好みの器に盛り付けて部屋のあちこちに置き、装飾も兼ねて楽しまれるものです。

●香りのブレンドの楽しみ

ひとつひとつのハーブにすばらしい香りがありますが、ブレンドするとより一層香りがまろやかになり、その相乗効果は計りしれません。

ポプリつくりは自分だけの香りを創り出す一番身近な方法のひとつです。自分が育てたハーブと花々を過去の処方を参考にしながら試行錯誤でブレンドして熟成させていきます。

●ドライポプリとモイストポプリ

ポプリには、二つのタイプがあります。材料すべてを乾燥させたドライポプリと、半生乾きの材料に粗塩を加えたウェットタイプのモイストポプリです。

一般的なのはドライポプリですが、日本は湿度が高く植物を彩りよく乾燥させにくいので、作業の時期は秋から冬に限られます。それに比べ、モイストポプリは半乾きの葉を塩漬けにするので季節を問わずつくることができ、日本の気候でつくりやすいポプリといえます。

海辺のポプリ（モイストポプリ）

バラとラベンダーのポプリ
（モイストポプリ）

夏の思い出（モイストポプリ）

ポプリのつくり方

必要なもの

●道具

・材料を混ぜ合わせるボール
・計量カップ、計量スプーン
・密閉できる入れ物（缶、ガラス瓶、プラスチック容器）
・スパイス・ハーブをつぶす乳鉢・乳棒（すり鉢、すりこぎでも可）

最低限必要な道具はこの４つです。他にも材料を混ぜるスプーンやはし、フタ代わりの布やラップ、材料を乾かすざるなど、身の回りにあるものを活かして気軽につくります。

●ポプリを飾る小道具類

空き瓶、空き箱、貝殻、皿、アンティークの置き物など

ポプリを飾れ香りのインテリアになる容器、小道具類も必要です。常日ごろからイメージに合う小物を集めておくといいでしょう。装飾用としてドライフラワーや木の実、木の枝などのナチュラルな素材もよく似合います。

●主役・副材料

主役：香りのある花

副材料：主役と異なる香りの花、少量のハーブとスパイス、天然のエッセンシャルオイル

主役と副材料の割合は２：１程度です。

ハーブとスパイスは香りの個性を強め、複雑な香りにするために、アクセントとしてほんの少量を使います。

●保留剤

オリスルート（ニオイアヤメの球根）、ベンゾインなどの樹脂、柑橘類の皮、安息香、粗塩など

香りを長持ちさせたり、香りを統合する作用があります。モイストポプリには粗塩を使います。ドライポプリにはどれか１種類手に入りやすいものを使います。なくてもかまいませんが、香りの寿命は短くなります。

エッセンシャルオイルは天然を

エッセンシャルオイルは、必ず天然のものを使います。“ポプリオイル”として粗悪な合成品が出回っていますから注意しましょう。化学合成香料は成分が単純で香りの熟成は望めません。天然の複雑な成分のオイルこそ、他の材料の香りと混じり合って深みのある複雑な香りをつくりだすのです。

基本の手順

1. 材料を混ぜ合わせる。スパイスは砕いて香りを出す。
2. ２～６週間密閉容器に入れて香りを混合、熟成させる。
3. 小道具類に入れて飾る。
   材料や道具などあまりこだわらず、身近にあるものを組み合わせて気軽に香りの創作をしてみましょう。

モイストポプリ

●バラとラベンダーのモイストポプリ

スパイスやハーブを使わない、一番シンプルなポプリの例です。これをベースにお好みのスパイスやハーブを足しても…。

[材料]

・バラの花びら（赤）…カップ１（主役）
・ラベンダー（生乾き）…カップ２分の１（副材料）
・粗塩…約カップ３

[つくり方]

1. 材料を生乾きにする。バラの花びらを１枚ずつ外して新聞紙などの上に広げ、２～３日置いてしんなりさせる。
2. ボールに粗塩カップ２とバラを入れて、塩がほんのりピンクになるまでスプーンなどでよく混ぜ合わせる。
3. 図のように粗塩と２、ラベンダーの花を重ねていく。
4. フタをして、２週間程度熟成させる。
5. ボールに全体をあけてよく混ぜ合わせる。再び容器に戻して６週間熟成させて完成。

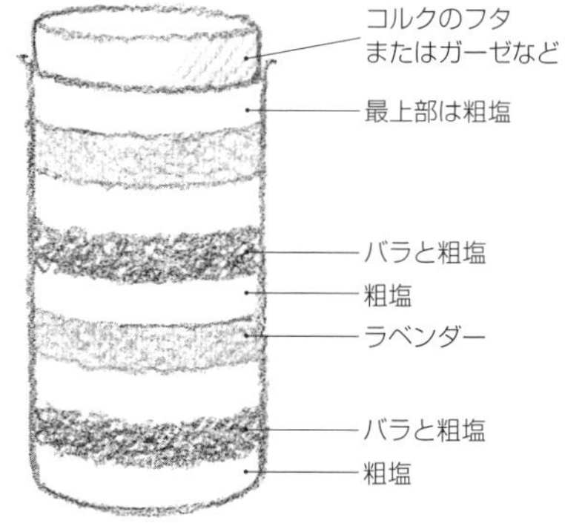

＊ポイント

・主役のバラを先に保留剤の粗塩にしみこませることで、主役の香りをよりしっかり保持できます。色づけの意味もあります。
・3の状態で飾るのもきれいです。
・5の混ぜ合わせのとき、バラやラベンダーのエッセンシャルオイルを数滴加えると香りがより強くなります。
・飾るときは他の色のドライのバラの花びらなどで装飾するときれいです。

ドライポプリ

●バラとラベンダーのドライポプリ

[材料] すべてドライ

・バラの花びら…カップ2（主役）
（以下副材料）
・ラベンダー…カップ1
・オールスパイス…小さじ1
・クローブ…3～4個
・シナモンスティック…2分の1本
・ローズオイル（あれば）
・オリスルート…少量（保留剤、ローズオイルを使うときは必要）

[つくり方]

1. バラの花びらカップ2をボールに入れる。
2. ラベンダー、オールスパイス、クローブを順々に乳鉢で軽くたたいてから1に加えていく。
3. シナモンは爪をたてて縦に細かく割りほぐし、2に加えて全体をよく混ぜ合わせる。
4. オリスルートにローズオイルを1～2滴加えて吸着させてから、最後に3に混ぜて4～6週間密封して冷暗所で熟成する。
5. 好みの容器に入れて飾る。

ドライフラワーに向く花

バラ、アジサイ、カーネーション、ナデシコ、チャイブ、スターチス、マリーゴールド、コデマリ、カスミソウ、ジャスミン、ビオラ、フリージア、ウィッチヘーゼル（万作）、キンモクセイ、ブーゲンビリアなど。

ドライに向かない花

肉厚で大きな花は美しい姿で乾燥できません。チューリップ、ナスタチウム、ユリなど。

●スリーピングビューティーポプリ

[材料]

・バラの花びら…カップ2（主役）
（以下副材料）
・リンデンの花、葉…カップ2分の1
・ペパーミント…大さじ1
・レモンバーム…大さじ1
・クローブ…3～4個
・オールスパイス…小さじ1
・シナモンスティック…2分の1本

[つくり方]

1. バラの花びら、リンデン、ペパーミント、レモンバームをボールに入れて軽く混ぜ合わせる。
2. クローブ、オールスパイスを砕き1に混ぜる。シナモンは縦に割って加え、冷暗所で4～6週間熟成させる。

●初夏の便り

[材料]

・ラベンダー…カップ2（主役）
・コーンフラワー（矢車草）…0.5カップ（副材料）
・ラベンダーオイル…2滴
・アジサイの花、ラークスパー…少々（装飾）
・オリスルート…小さじ1（保留剤）

[つくり方]

1. オリスルートを小さなビニール袋に入れて、ラベンダーオイルを滴下し香りを吸着させる。
2. ラベンダーの花のミックスに加えよく混ぜ合わせ、好みの器に盛る。
3. アジサイの花びら、ラークスパー、コーンフラワーなど、ブルーの花々を中心に散らす。

香りは変化している

つくっていく過程で、また完成した後も、香りは微妙に変化していきます。時々香りを確かめてみましょう。五感を研ぎ澄まして、いい素材を準備しないといい香りは創り出せないかもしれません。多くの調香師に見習って腹八分、摂生した日常でポプリつくりに挑戦しましょう。

夏

庭も人もひと休み

梅雨明けと同時に強い日差しがひたすら照りつける真夏、無風状態の日中のガーデンは静寂そのものです。早朝と夕方は雑草取りと水やり、伸びすぎた枝の刈り込みなどに追われる日々。

体力を消耗し、蒸し暑さで気力、体力、頭脳も働かない時が流れます。

こんな季節には、なんといってもミントとラベンダーの出番です。

ミントティーは、お風呂上がりにキンキンに冷やしていただくと、爽やかさで失われた食欲も回復。はびこりすぎて困っているミントをはじめ、繁茂しすぎたハーブも部屋のあらゆるところに無造作に生けこんでおくと、爽やかな香りで部屋中のよどんだ空気が入れ替わり、夏の暑さも一時忘れます。

ラベンダーは殺菌・デオドラント効果に優れ、その香りは、夏の疲れた体を癒してくれます。

冷たいハーブティー

通常の分量の２～３倍のハーブを使って濃いティーをつくり、冷水と氷で割っていただきます。

夏のハーブ料理・クラフト

夏といえばラベンダーの花が旬。誰しも憧れるラベンダーは、色も香りも本場北海道が最高といわれます。冷涼で乾燥した気候がよく合っているからでしょう。そんな北海道のようにはいきませんが、自分で育てたラベンダーをさまざまに利用して、暑い夏をほんのひと時リフレッシュしてみてはいかがでしょう。

ラベンダーカルピスとラベンダーシャーベット

ひと夏の経験の味。初恋の味カルピスと初めての味ラベンダーを一緒にしてみると…多分成熟した味になるのです。どちらもラベンダーエキスからつくります。

ラベンダーバンドルズ

最近はアート工芸風になり、既製品はあまり香らないものが多くなりましたが、本来はタンスなどに入れてリネンを香らせるものです。実用的なバンドルズを手づくりしてみましょう。

ラベンダーの匂い袋

身近にある布を好みの大きさの袋に縫って、ラベンダーの香りを家中にしのばせてみましょう。ドライの花を袋に入れ、口をしっかり縛って机やタンス（細長い形が使いやすい）、バッグの中に。

夏のガーデンの作業

1 せん定と雑草対策

フレッシュハーブでつくる蚊よけスプレー

鍋に水1カップを沸騰させ、ローズゼラニウム、レモングラス、ペパーミントを合計で2カップ荒刻みしたものを入れ、弱火で数分煮出して火を止める。冷めるまで放置し、漉してスプレー瓶に移します。

●つらいけれど雑草はコツコツ取る

梅雨から夏にかけては、もっともハーブと雑草がはびこる季節です。放っておくと見た目も悪く、風通し、日当たりが悪くなり、ハーブたちが窒息してしまうので、ガーデンの中を順番に草取りしていきます。地中海原産のハーブは暑さと蒸れが苦手。少しでも通気性よく、すごしやすい環境をつくって夏を越させてあげます。いつになっても終わりがなく、せっかく抜いたところもすぐに新しい雑草が伸び、ほんとうに追いかけっこの日々で根気がいります。作業は早朝か夕方のすごしやすい時間に行ないます。夕方は蚊が出るので、蚊取り線香などの対策を忘れずに…。

重なり合ったところや伸びすぎたハーブも思い切ってせん定、収穫します。

2 夏の乾燥対策

●乾きすぎに注意！コンテナは日陰で

夏は猛烈な日差しで土の水分が蒸発します。いくら乾燥を好むハーブでも枯れ上がる危険があるので、早朝か夕方のすごしやすい時間に水やりをたっぷり行ないます。乾きやすいコンテナは、日陰か半日陰になる場所で夏中養生させます。

夏のハーブ料理・クラフト

●ラベンダーカルピス

[材料]

・ラベンダーの花…大さじ2
・カルピス（濃縮液）

[つくり方]

1. ラベンダーに熱湯 300 mlを注いで濃いティーをつくり、あら熱がとれたら冷蔵庫で冷やす。
2. コップ1杯あたり、カルピス原液 30 mlとラベンダーティー 5 mlを入れ、冷水を120 mlほど入れ氷を浮かべる。

●ラベンダーシャーベット

[材料]

・濃いラベンダーティー…500 ml
（カルピスのつくり方を参照）
・グラニュー糖…100 g
・レモン汁…半個分
・白ワイン…大さじ2

[つくり方]

1. 鍋にラベンダーティーとグラニュー糖を入れて火にかけ、沸騰したら火を止める。
2. あら熱がとれたらレモン汁と白ワインを加えてかき混ぜ、バットなどの容器に移す。
3. 冷凍庫に入れて2～3時間冷やし、取り出して泡だて器でよく混ぜて、もう一度冷凍庫に入れる。これを数回繰り返す。

＊ポイント

・ラベンダーシュガーをつくっておくと便利です。収穫したラベンダーを穂から取り、グラニュー糖をまぶし冷凍しておきます。

このラベンダーシュガー 100 g を 500 ml の水で溶かせばシャーベットのもとになります。他にも、ハーブティーやお菓子の砂糖としても使えます。

●ラベンダーバンドルズ

[材料]

・生ラベンダーの花…八分咲きを奇数本
・リボンまたはひも…1.2 m
・裁縫用糸…少々

[つくり方]

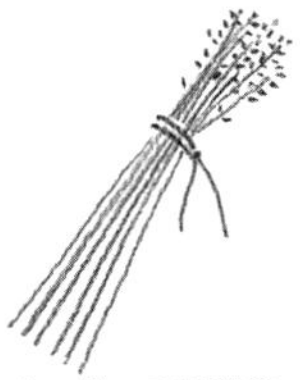

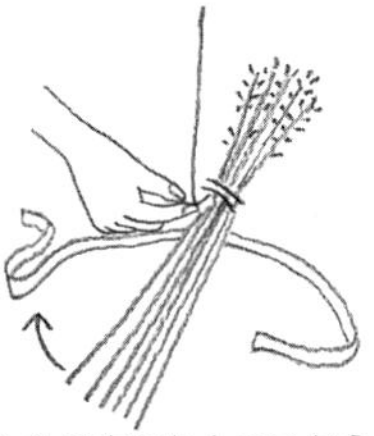

1. ラベンダーの花穂の付け根をそろえてまとめ花穂のすぐ下を糸でしっかり縛る。

2. 糸で束ねたところから5㎜下に爪をたてて茎を押しつぶしながら折り返す。

リボンは半分に折り、中央から編んでいく（残り半分は残しておく）
リボン
茎

3. 茎を折り返したところから、茎の間にリボンを市松模様に編みこんでいく。

4. 花の部分を編み終えたら、花の付け根で使わなかった片方のリボンと結び合わせる。長いほうのリボンで茎を巻いていき、最後は両面テープなどでとめる。

5. 飾りのリボンを結んでできあがり。

＊ポイント

・収穫してすぐにつくります。しばらくたってドライになってしまうと茎がポキッと折れやすくなってしまいます。乾いてしまったら、茎を折るところを蒸気に当てて柔らかくして作業します。
・収穫後すぐにつくれないときは、収穫したラベンダーをぬらした新聞紙に包んで冷蔵庫の野菜室で保管しておきます。
・リボンはほどけない程度にゆるく束ね、中から花が見えるように結ぶとよく香ります。
・花穂が充実していないときは、余った花を入れるとボリュームが出せます。

虫よけのはずなのに虫がわいてくる？

●ラベンダークラフトの注意点

ラベンダーのクラフトは虫よけとして使われますが、それは夏も乾燥して冷涼なヨーロッパの国の話。夏、暑くて湿度の高い日本では、ラベンダーを乾燥している途中で蒸れてカビが生えてしまったり、虫よけのはずが逆に虫がわいてしまうことがあります。無理をせずに市販のドライハーブを使うのもかしこい判断です。

ラベンダーの収穫、乾燥、保存

収穫：晴れて湿度の低い日、花のつぼみが2～3個開きはじめたころ、茎ごと刈り取ります。収穫後樹の形がきれいになるようにせん定をかねて。

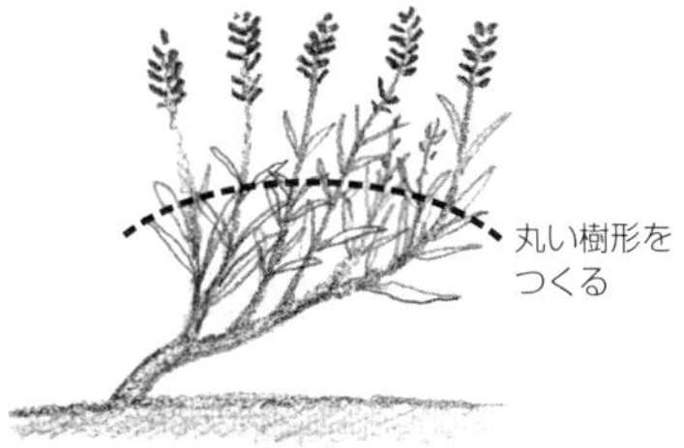

丸い樹形をつくる

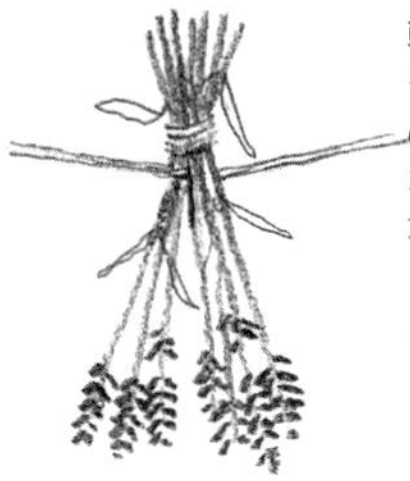

乾燥：小さく束ねてきつく縛り、風通しのよい軒下にロープを張って吊るします。花がどんどん落ちてくるので、下に敷物を敷いて。

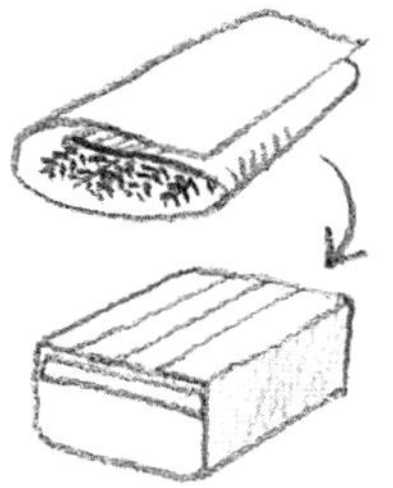

保存：カラッと乾いたら、新聞紙にくるんで衣装箱などのフタ付き密閉容器に入れて保存。シリカゲルなどの乾燥剤を入れておきます。

＊ラベンダーは梅雨の6月中旬ごろから開花しますから、くれぐれも収穫・乾燥が雨の前後にならないよう天気を見極めて作業します。湿気の多いところではカビが生えます。

キュウリのディルピクルス

ディルは初夏に花が咲き、７月になると少しずつタネを収穫できます。ディルのタネは生葉より香りが強く、刺激的な辛味感はとくにキュウリのピクルスによく合います（写真左）。写真右はカラーピーマンのピクルス。夏、食欲のないときでもさっぱりとしてたくさん食べられます。

マッシュルームのピクルス

こちらも夏おすすめのピクルス。マッシュルームは足が速く傷みやすいですが、ピクルスにしておくと長く保存できます。赤ワイン色で、オードブルやスライスして料理の添えとしても活躍します。

セージのフリッター

特有の強い香りのセージは、薬用として幅広く利用されていますが、そのままでは食べにくい感じがあります。フリッターにすると抵抗なくたっぷりおいしくいただけます。

かき揚げ天ローズマリー風味

フレッシュハーブを天ぷらにすると、強い香りは適度に揮発し、不揮発性の成分もしみ出てきて、すべてが食べやすくおいしくなります。

藍染《あいそ》め

アイは美しい色だけでなく、殺菌・鎮静などの効能もあり、昔から重宝されてきました。生葉染めは育てた人だけが楽しめる方法です。発酵させた藍玉でつくるのと比べて簡単で、優しい淡い色に仕上がります。

ピクルス（キュウリのディルピクルス）

[材料]（500ml の瓶 1 個分）
・キュウリ…5 本
・ディルのタネ…小さじ 1
・ディルの葉や茎…適量
・ガーリック…1 かけ
・赤トウガラシ…1 ～ 2 本
・ローリエの葉…1 枚
・酢（米酢かリンゴ酢）…150 ml
・水…150 ml
・塩…小さじ 1

[つくり方]
1. キュウリを海水程度の濃度の塩水にひと晩ひたしておき、軽く洗って水分をふき取り容器の大きさに合わせて切り詰め込む。
2. 鍋に分量の酢、水、ガーリック、ローリエ、ディル、赤トウガラシ、砂糖、塩を入れて火にかける。砂糖が溶けたらすぐ火を止めて 1 に注ぎ入れる。
3. 冷めたら冷蔵庫に保存。浅漬けなら 1 日後から、おすすめの食べごろは 3 日目から。

＊ポイント
・キュウリの他にカラーピーマン、カブ、ブロッコリー、ニンジン、カリフラワー、セロリなどの野菜もおすすめです。タマネギは発酵しやすいので向きません。
・ディルのタネは夏から収穫できます。夏はまだタネが半熟程度ですが利用できます。
・冷蔵庫で 1 カ月くらい持ちます。

マッシュルームのピクルス

[材料]（300ml の瓶 1 個分）
・マッシュルーム…500 g
・塩（岩塩）…10 g
・赤ワインビネガー…200 ml
・赤ワイン…100 ml
・根ショウガ…1 かけ
・クローブ…2 個

[つくり方]
1. マッシュルームの石づきを落として乾いた布で軽くふき、深めの容器に入れ岩塩を振りかけて布で覆い、ひと晩そのままおいておく。
2. 翌日、汁がたっぷり出た 1 を弱火にかけてゆっくり汁気がなくなるまで煮る。
3. 2 に、ワインビネガー、ワイン、クローブとつぶした根ショウガを加えてよく混ぜ合わせる。
4. 火にかけ沸騰させ、5 分程度煮込む。
5. 自然に冷ましてから容器に入れて保存する。

セージのフリッター

[材料]（10 個分）
・セージの葉（摘芯したもの）…約 10 本
・卵白…1 個
・小麦粉…100 g
・サラダオイル

[つくり方]
1. 摘んだセージは軽く水洗いして水気をふき取る。
2. ボールに小麦粉を入れ水で溶き、サラダオイルを少し加えて混ぜておく。
3. 卵白を泡立てて 2 に静かに混ぜ合わせ、セージの茎を持って葉の両面に衣をつける。
4. サラダオイルを 170℃に熱してサッと揚げる。

＊ポイント
食べる直前に揚げると、パリッとして食感よく風味を損ないません。

かきあげ天ローズマリー風味

[材料]（4 人分）
・シーフードミックス（冷凍イカ、海老など）…300 g
・ローズマリー（粗みじん切り）…大さじ 2 杯
・小麦粉…150 g
・サラダオイル…適宜

[つくり方]
1. シーフードミックスは解凍しておく。
2. ボールに小麦粉を水で溶き、ローズマリーのみじん切り、サラダオイル少々を加えて軽く混ぜて衣をつくる。
3. 1 を 2 に混ぜて、お玉ですくって 180℃の油で揚げる。

藍の生葉染め

[材料]

・アイ（藍）の生葉（茎から取る）　染める布の３倍の重さ
・絹のスカーフなど
・水
・ネット、バケツ、ゴム手袋
・ミキサー

＊ポイント

・手が染まらないようにゴム手袋をつけて行ないます。
・綿や麻はとても染まりにくいので、絹の布がおすすめです。
・アイはプランターでも十分育ちます。春にまいたタネは初夏から生育していきますから、できるだけ早めに収穫すると、少なくても１シーズンに３回は収穫できます。晩秋にタネを採り、次の春に備えます。

[生葉染めのつくり方]

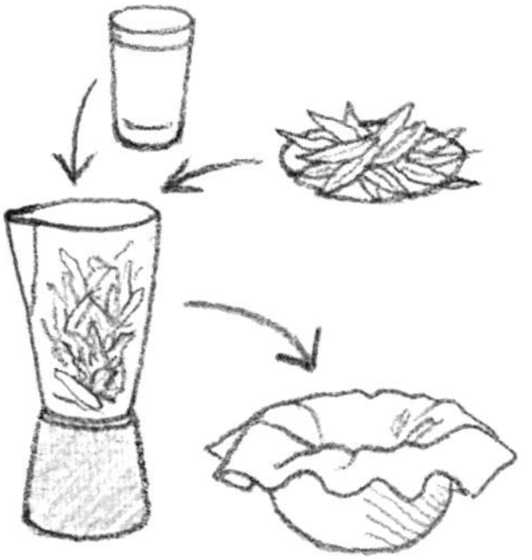

1. 生葉とその３倍量の水をミキサーで混ぜてネットでこし、染液をつくる。

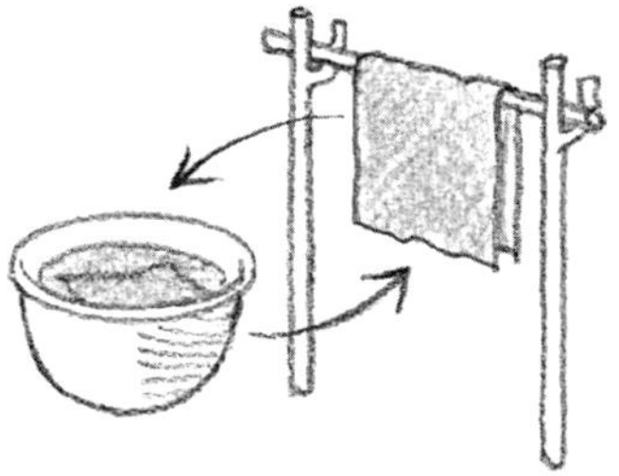

2. スカーフを１に浸ける。引き上げて数分空気にさらし、また染液につける。これを２～３回行なう。

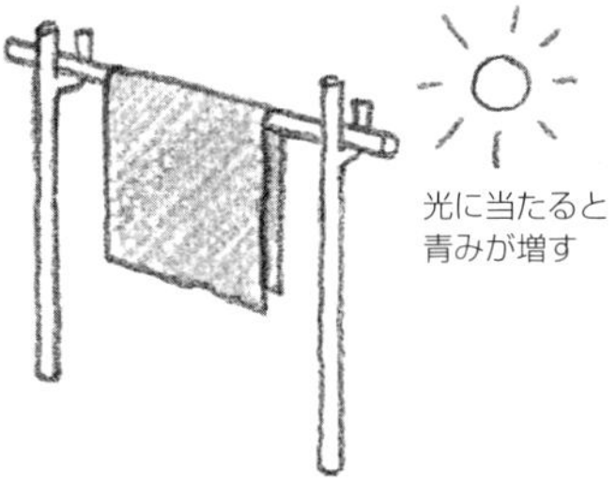
光に当たると
青みが増す

3. 水洗いして天日干しをしてできあがり。

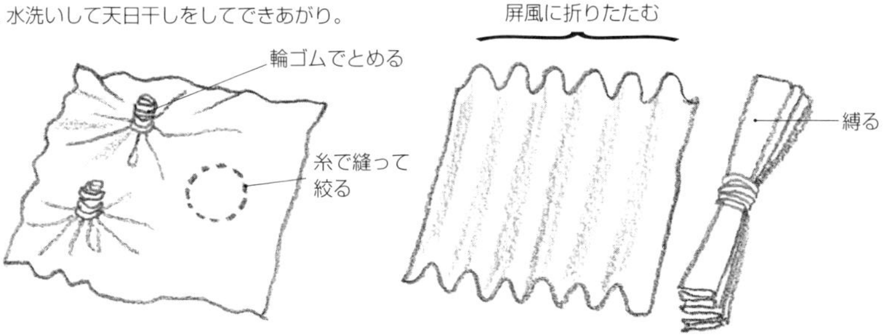
屏風に折りたたむ
輪ゴムでとめる
糸で縫って
絞る
縛る

4. 絞りの模様をつけることもできます。染色する前に好みの場所を輪ゴムやひもで縛ります。

秋

再びハーブの旬。晩秋は収穫と保存

涼しくなってくる９月には、ナスタチウムやボリジ、バジルも勢力を回復し、再び庭も初夏のような賑わいをみせます。ただ、最近は酷暑のためか一向に回復の兆しがないこともあり、温暖化が心配されます。

秋は日増しに気温が下がり日も短くなってきます。寒くなる前、できるだけ早めに秋のタネまきをしましょう。虫の声とともに空気は澄んでとても気持ちよく、特に夜の庭は月明かりに照らされ陰影も微妙に怪しく、香りはぐーんと沈んでいきます。

10月いっぱい十分フレッシュで堪能してから、いよいよ作業は最終段階の刈り取り、収穫に入ります。

キンモクセイを楽しむ

キンモクセイの咲く時期はほんのわずか。晴れ間を逃さず収穫します。花だけを摘んでウォッカやホワイトリカーなどに漬け込みます。花に熱湯を注いでお茶にしても色と香りで秋を満喫できます。

キンモクセイ酒

モイストポプリは粗塩に生花を漬け込んで熟成させた香りを楽しみます。壺に入れておくと数年は香ります。

秋のハーブ料理・クラフト

サンマの燻製

秋たけなわ、ガーデンも肌寒くなりはじめたころ、サンマも出回り価格も手ごろになります。燻製はハーブのひと味違う楽しみ方。スモーキーな風味とほんのりハーブの香りがあり、おつまみにも最適です。

フェンネル風味のバタースコッチ

香りの強い食事をした後や口臭予防にどうぞ。ハロウィーンのキャンディーにも喜ばれます。

タンポポコーヒー

タンポポコーヒーはふつうのコーヒーと味は少々違いますが、カフェインレスで体を温め、消化促進などの薬効があり、ミネラルなど滋養も高い飲み物です。
秋の根は、特に成分が濃いといわれます。

サンマの香草焼き

煙がたくさん出るので、野外でのクッキングに向いています。ほんのりとローリエの香りがサンマに移り、臭みも消えていつもと違う風味が楽しめます。

1 秋まきと施肥

●秋まきはお得！ 疲れた株のケアも

9月末から10月上旬､涼しくなってきたら､カモミール､ディル､コリアンダー、ロケット、ボリジなどのタネをまきます。これらは春まきもできますが、暖かくなると害虫にあっという間にやられてしまい、ほんのわずかしか楽しめません。秋まきだと冬の間害虫にもあいにくく、利用期間も冬から春と長く、寒さに当たりしっかりした味になり、何かとお得です。ボリジは翌年春に開花し、こぼれたタネで次々と生長し、秋遅くまで楽しめます。

夏の暑さで元気がなくなったハーブには、有機配合肥料や液肥を施し、活力を与えます（バジル、ナスタチウムなど）。

2 収穫と乾燥

●晩秋の空っ風が吹いたら乾燥作業

晩秋、温度も湿度も低くなってくると、いよいよハーブの乾燥です。刈り取って枝ごと少量ずつ束ね、軒下にロープを張って吊り下げて乾燥します。あるいは新聞紙やすだれ、ざるの上に広げて廊下などで乾燥したり、洗濯ネットに入れてもいいでしょう。パリッと乾燥、色よく仕上がります。密封容器に入れて保存したり、そのまま台所の壁に吊るしておき、使うたびに補充して、料理、ティー、お風呂や美容、クラフトなど大いに利用します。

●一年草はタネ取り

バジル、フェンネル、ディル、コリアンダーなど一年草はこの時期実を結びます。枝ごと切り、蒸れないよう紙袋に逆さまに入れ、口を縛って吊るします。完熟すると袋の中にタネが落ちます。

3 多年草の冬越し

寒さに弱いレモングラス､ローズゼラニウム､レモンユーカリ､ローゼルは鉢上げ、軒下で管理するか冬囲いをしておきます。そのほかのハーブは霜よけのため株元にわらや落ち葉などを敷いたり、ダンボール箱などで覆います。

最後にクリスマスに近づいたころ、常緑の樹木はせん定した枝葉や木の実類をクリスマスツリー、リース、お正月飾りなどクラフト用にします。そして今年の屋外作業は終了です。

[ハーブの乾燥]

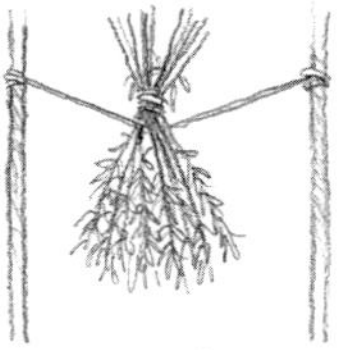

収穫したハーブの枝元をひもで束ね、日陰に張ったロープにかけて乾燥。

[タネの取り方]

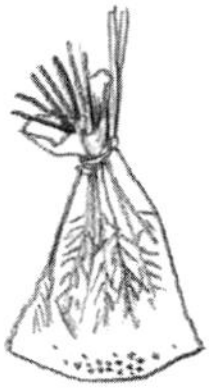

枝ごと切り、穂を紙袋に逆さまに入れ、口を縛って吊るす。

[レモングラスの冬囲い]

1. 地際から15㎝くらいからカットする。

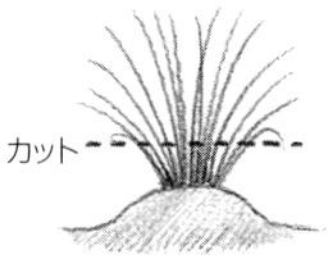

2. ホットキャップやワイヤーとビニールなどで株を保護する。

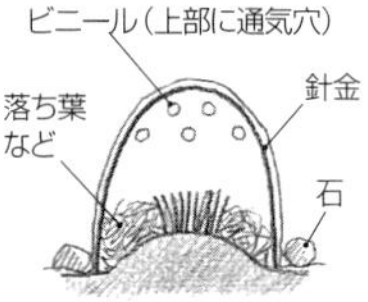

●ナスタチウム
切った枝を水に生け、室内で観賞しておけば冬越しできる。

サンマの燻製

[材料]
・サンマ…3尾
・燻製用サクラ、ヒッコリーなどのチップ…ひとにぎり
・ローリエ…1枝（葉4～5枚）
・セージ、ローズマリー、タイムの小枝…少々
・塩…少々
・中華鍋、アルミホイル
[つくり方]
1. サンマは3枚におろして海水くらいの濃度の塩水に30分浸しておく。
2. 中華鍋にアルミホイルを敷いてチップとハーブ類を入れ、金網をのせ、その上に水分をふき取ったサンマの身を上にして並べしっかりフタをする。
3. 中火から弱火で約20分加熱する。
＊ポイント
・フタはきっちりして煙が逃げないようにします。火は強くしすぎず、ゆっくり燻煙します。
・秋に収穫した枝、せん定した枝などをチップの代わりに利用して燃やした火で焼くと格別です。

フェンネル風味のバタースコッチ

[材料]
・フェンネルシード…大さじ1
・バター…200g
・砂糖…400g
・レモン汁…2分の1個分
・乳鉢またはミルサー
・小さなソースパン＆厚手鍋
・ヘラ、クッキングペーパー、計量カップ、スプーン、オブラート、包装紙（蝋引き）
[つくり方]
1. フェンネルシードはフライパンで軽くいり、ミルサーなどで粉状にしておく。
2. 厚手の鍋にバターを入れて弱火で溶かす。バターが溶けたら砂糖とレモン汁を加え、弱火で溶かしながらかき混ぜ煮立てる。
3. さらにふつふつと煮立たせ、冷水に1滴落としてみて固まるようになるまで煮詰める。
4. パウダー状のフェンネルシードを加えて、さらによくかき混ぜながら煮込む。
5. キャラメル状になったところで、クッキングペーパーを敷いたバットの上に流し込んで、自然に固まるまで待つ。
6. 食べよい大きさにカットしてオブラートに包み、その上からラッピングしてできあがり。
※フェンネルの代わりにバニラ、コリアンダー、アニス、ペパーミント、ユーカリ、エキナセアやエルダーフラワー、タイムなどでもお試しください。
風邪予防や喉の痛み、花粉症などにも対処できます。

タンポポコーヒー

[材料]
タンポポの根（秋）
[つくり方]
1. タンポポの根は洗って薄切りにして、風通しのよいところで乾燥しておく。
2. 必要量を焙煎する。厚手のフライパンを熱し、分量を入れて焦げ目がつくまでゆっくりいる。
3. コーヒーミルで挽いてパウダーにし、フィルターを通してコーヒーを入れる要領で入れる。
＊ポイント
・タンポポの根はとても深く張っているので収穫するのは少々骨が折れます。

サンマの香草焼き

[材料]
・サンマ…人数分
・ローリエの枝（葉付き）…適量
・魚焼き網（2枚の網で魚を挟み両面を焼けるもの）
[つくり方]
1. 焼き網を開いてローリエの枝を敷く。
2. サンマを1の上に並べてから、その上にさらにローリエの枝をのせて網で挟む。
3. コンロで両面をじっくり焼く。
＊ポイント
・サンマから油が落ちて煙がたくさん出るので、できれば野外調理がおすすめ。
・ローリエの葉が油を吸いながら燃えてサンマの生臭みをとります。

サンショウおこわ

わが家の秋の味といえばこれ。初夏～夏に収穫したサンショウの葉と未熟な実を冷凍保存しておき、秋にもち米と炊き込んだものです。未熟の実は、しょうゆと相性がとてもよく、ほくほくとしたもち米に辛味と香りが引き立ちます。

ローリエの三色ピラフ

彩りよいピラフです。ローリエは煮込み料理以外にはあまり使われていませんが、ご飯料理にもよく合います。炊き上がったら葉を取り出しておくと苦味がでません。

ハーブクッキングソルト

秋、収穫し乾燥させたハーブをミルで砕いて、焼いた粗塩に目的別に混ぜておきます。ピザやトマト用、肉用、卵料理用、スープや豆料理用などをつくっておくと便利です。

ルバーブのパイ

晩夏から秋、最後に収穫したルバーブをジャムにしてパイに焼きます。秋のルバーブは酸味が控えめで甘さがあります。市販のパイ生地を利用すると簡単におもてなしの一品になります。

ホップのリース

ホップは長いつるを伸ばし、夏の木陰を演出して晩夏から初秋に薄黄緑色の花をつけます。夏の終わりの短い命はリースになって蘇り、長く目を楽しませてくれます。

香りの楽曲

香りには音階があるといわれています。高音階のウィッチヘーゼルとクスノキ、低音階のバラ、サンダルウッドを組み合わせたポプリです。漂う香りは心に響く音を届けます。

キッチンロープ

キッチンで使うハーブ＆スパイスをいろいろ組み合わせてレモングラスの葉やヤナギの枝を束ねた台に結びつけます。キッチンの入り口や壁に掛けておき、香りを楽しみながら利用します。使ったら補充しておきましょう。

サンショウおこわ

[材料]（20 杯分）
・もち米…2 kg
・しょうゆ…300 ml
・お酒…400 ml
・サンショウ実…（冷凍）200 g
・サンショウの葉…（冷凍）100 g
・サラダオイル…少量

[つくり方]
1. もち米はひと晩水に浸しておく。
2. ざるに上げ、蒸し器に移して蒸す。
3. サンショウの葉は解凍してミキサーに少量のお酒と一緒に入れて細かくする。
4. フライパンにサラダオイル 1 カップを入れて加熱。煙が出てきたら 3 とサンショウの実を入れていため、分量のお酒としょうゆを入れ、さらにいためておく。
5. 7 割程度蒸し上がったもち米を大きなボールに移して 4 を手早く混ぜ合わせ、再び蒸し器に戻して蒸し上げる。

ローリエの三色ピラフ

[材料]（4 ～ 5 人分）
・米…3 合
・ローリエの葉（ドライ）…2 枚
・カラーピーマン（赤、黄）…各 2 分の 1 個
・バター…大さじ 1
・サラダオイル…少量

[つくり方]
1. 米 3 合を洗ってざるに上げておく
2. 少量のサラダオイル、ローリエをフライパンに入れ火にかける。
3. 1 の米をガラス状になるまでいため、サイコロ状にカットしたカラーピーマンも一緒にいためる。
4. 炊飯器に入れ、バターと塩、こしょうを少々入れて炊き上げる。

ハロウィンのごちそうにはパンプキンパイ

ルバーブをカボチャに代えれば子どもたちも大喜びのハロウィンパイに。

[カボチャペーストのつくり方]
1. カボチャ（中サイズ）2 分の 1 個は適当な大きさに切り、皮をむいて蒸す。
2. 厚手の鍋にカボチャを入れ、さいの目に切ったバター 10 g、砂糖 50 g、生クリーム大さじ 1、シナモンスティック 2 分の 1 本を入れ、火にかける。
3. カボチャが煮上がったらシナモンを取り出してマッシュする。

ハーブクッキングソルト

[材料]
・粗塩…1 kg
・ドライハーブ（オレガノ・マジョラム・タイム…各 50 g、ローズマリー…20 g）
・スパイス（ブラックペパー、コリアンダー、オールスパイス、パセリ、セロリシード）…各 5 g
・ガーリックパウダー…大さじ 1.5

[つくり方]
1. ハーブミックスとスパイスミックスをつくる。オレガノ、タイム、マジョラム、パセリと細かく砕いたローズマリーをボールで混ぜる。好みのドライハーブ 5 ～ 6 種類を同量ずつ混ぜ合わせておいてもいい。
スパイスミックスはブラックペパー、コリアンダー、オールスパイスをそれぞれ砕いて混ぜ合わせておく。
ガーリックパウダーは別途に砕いておく。
2. 粗塩 1 kgはオーブンの天板に広げて 150 ℃で 5 分程度加熱して水分を飛ばし、ミキサーにかけてパウダー状にする。まだ熱さが残るうちに手早くスパイスミックスを大さじ 5 杯加えてよく混ぜる。次にハーブミックスを同量加えてよく混ぜる。

＊ポイント
・良質の粗塩か岩塩を選びます。ドライハーブ&スパイス、ガーリックは、お好みのブレンドで試してみましょう。
・密封容器で保存します。
・塩 10 に対してスパイス（ドライハーブ）2 が分量比の目安です。

ルバーブのパイ

[材料]（2 枚分）
・ルバーブジャム…好みの量
・塩、こしょう…少々
・パイ生地（冷凍）4 枚入り…1 個
・卵　1 個

[つくり方]
1. 冷凍パイ生地を室温に戻し、ルバーブジャムを生地にのせる。上からもう 1 枚のパイ生地をのせ、周囲を指で押しながら成

型する。
2. 溶き卵をハケで表面に塗り、180℃に熱したオーブンで 15 分焼く。

ホップのリース

[材料]
・ヤナギの枝…20 本
（なければハンガー、市販のリース台）
・ホップの花、葉、つる…適量
・エリカ（ヒース、紅白それぞれ用意 / なければコニファーでも可）の枝…適量
・ボンド（木工用またはグルーガン）、ワイヤー
[つくり方]
1. リース台にするヤナギはせん定して陰干しにし、葉をすべて取り除いておく。
2. 生乾きのヤナギの枝を 2 ～ 3 本ずつ束ねて糸でしばり、少しずつずらしながらねじり重ね、ワイヤーかボンドでまとめながら円形に形をつくる。
3. 壁掛け用のフックをつける位置を決めて、ワイヤーを結びつける。
4. エリカの枝を 3 分の 2 ずつ重ねながら、時計回りにボンドでリース台にとめていく。
5. エリカの上からホップのつるをからませていく。

＊ポイント
・ホップは自然に左巻きに絡んでいく性質があるので、左巻きにするとやりやすいです。
・ホップの花の時期は 1 カ月間と短いので、時期を逃さないようにしましょう。

ポプリ「香りの楽曲」

[材料]
・クスノキチップ…カップ 3
・バラの花びら…カップ 1
・ウィッチヘーゼル（マンサク）…カップ 2 分の1
・サンダルウッドチップ…大さじ 1
・サンダルウッドオイル…2 滴
・容器（オルゴール）
[つくり方]
1. 分量のクスノキチップをボールに入れ、サンダルウッドオイルを加える。
2. サンダルウッドチップを 1 に加えてよく混ぜておく。
3. 1 にバラの花びら、ウィッチヘーゼルを加える。密封して 4 週間置き、オルゴールに飾ってできあがり。

キッチンロープ

[材料]
・キッチンハーブ&スパイス各種（赤トウガラシ、ガーリック、ローリエ、シナモン、ナツメグ、バジル、オレガノ、マジョラム、タイム、セージ、ローズマリー、パセリ、クローブ、オールスパイスなど）
・ヤナギの枝（台用、太め）…20 ～ 30 本
・茶袋…4 ～ 5 枚
・タコ糸
[つくり方]
1. ヤナギの枝は束ねて全体をタコ糸などで縛る。
2. ハーブを束ねたものをバランスよく 1 にタコ糸で縛りつけていく。スパイスは茶袋などに入れて。

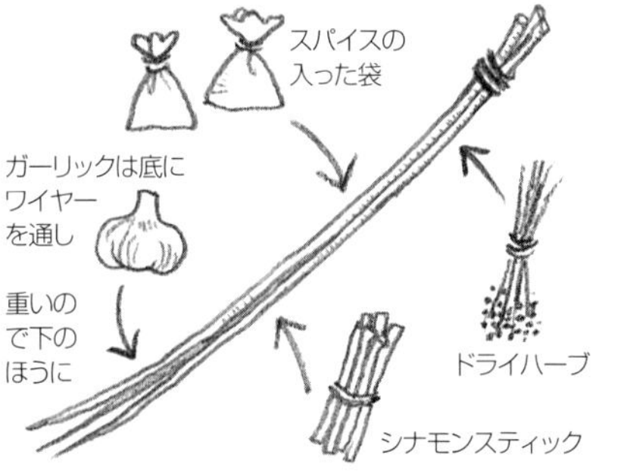

3. 必要に応じて摘み取って料理に使う。
＊ポイント
・キッチンやダイニングに飾っておくとすぐに使えて観賞もでき便利。
・ヤナギの代わりにブドウやフジのつる、レモングラスを収穫してドライにし、三つ編みにしたもの、レモンバーベナやミントの茎などを台にすることもできます。

冬

暖かい室内でプランとクラフトつくり

例年 11 月中旬からおよそ 3 カ月、庭は冬ごもりです。群馬名物の赤城おろしの北風とシンシンと凍みる寒さに耐えて、ローズマリーなどの耐寒性多年草たちが冬を越します。
暖かい室内ではこの一年の植栽の良し悪し、つまり彩りの調和や組み合わせ、庭全体の風景や使い勝手などを、収穫したハーブ類の成果とともに確認します。問題を山ほど抱えていてもなおワクワク感とほどよい緊張があって不思議と楽しい時間です。そろそろ体力の限界も考えておかなくてはならないのに図面の上ではかなりの仕事量になるはず…今年もまた欲張った計画になってしまいました。
野良仕事に追われ読めなかった本も、チェックできなかった情報も、見聞を広めるのも、冬だからこそ取り組める絶好のチャンスです。

テーブルリース

冬にせん定した常緑樹の枝葉とドライハーブを使って食卓を彩ります。必要に応じてハーブを摘み取り料理に使います。

冬のハーブ料理・クラフト

ブーケガルニ

素材の臭み消しを目的に使われるブーケガルニ（香草束）は、冬の煮込み料理に欠かせません。長時間の加熱に耐えてその香りと効果を持続し、ブレンド効果で風味が増してきます。束ねて使い、調理後は取り出しておきましょう。

欧風ハーブ鍋

ハーブをふんだんに使ったソーセージが主役のドイツ鍋を、手軽にできる鍋料理にアレンジしてみました。ソーセージの代わりのハーブ肉団子がポイントです。

ハーブトンカツ

ハーブ鍋の肉団子はトンカツにしてもスパイシーなおかずになります。ひき肉なので、柔らかくて食べやすいものです。赤だしなめこ汁と香の物のセットがおすすめです。

七味唐辛子

ミカンをたくさん食べるこの季節に、ぜひつくりたい日本の代表的なスパイスブレンドです。つくり立ての香り高い七味唐辛子が味わえます。自分でブレンドするから辛味の調整も自由自在。

クリスマスの楽しみ

ハーバルチキン

まるごとのチキンを使ったクリスマスのごちそうです。家庭のオーブンでもできますが、屋外のバーベキュー(炉)であぶり焼きにするとまた格別。カットされたもも肉でも手軽にできます。

クリスマスツリー

常緑のハーブは幸せの象徴。ローズマリーやマートル、ティートリーなどの枝を刈り取りながら、香るツリーをつくっていきます。アクセサリーは手づくりポマンダーや匂い袋など。

クリスマスベルポプリ

偶然、ベルの形のガラス容器をみつけ、うれしくなってクリスマス風のポプリにしました。ベルの中にオーガンジーで丸めたポプリを忍ばせているのがポイントです。

テーブルリース

[材料]

・赤い実（ローズヒップ、サンキライなど）
・フラワー＆ハーブ各種（ローズマリー、コニファー、マートル、ローリエ、ユーカリ、シナモン、バラの花、ヒイラギその他森の木の実など）
・オアシス…1 個
・飾る容器（大皿など、広口で丈の低いもの）
・キャンドル（お好みで）

[つくり方]

1. オアシスは 30 分以上水に漬けておき、飾る容器の大きさに合わせてカットし、容器の中央に置く。
2. 容器の半径の長さにそろえた枝を、水平に刺しこんでいく。まず 90 度間隔に 4 本刺して、その間を均等に埋めるように合計 16 本刺す。

〈上から見た図〉

3. 2 の長さの半分の長さの枝を容器の中心から垂直に刺し、円すい形になるように枝を均等に刺していく。

〈横から見た図〉

料理によって変わる材料

ブーケガルニは、タイムとローリエをベースに、料理によって組み合わせるハーブを替えます。材料を煮込むときに加え、煮あがったところで取り出します。

＊ポイント

・好みでキャンドルを立てるのもよい。
・クリスマスシーズンはイエス・キリストに捧げられた香り、乳香、没薬を飾ると趣深くなります。

ブーケガルニ

[材料]

・パセリ（またはセロリ）の茎
・タイムの枝
・ローリエ…1 枚

[つくり方]

材料を 5 ～ 6 ㎝の長さで切って、タコ糸などで束ねたり、お茶用のパックに入れる。

欧風ハーブ煮込み鍋

[材料]（5 ～ 6 人分）

・ジャガイモ…中 4 個
・ニンジン…1 本
・タマネギ…中 2 個
・合びき肉…300 g
・ドライハーブミックス（オレガノ、パセリ、タイム）…合わせて大さじ 1
・固形スープの素…1 個
・塩、こしょう…少々
・ブーケガルニ

[つくり方]

1. 厚手の鍋に乱切りした野菜と固形スープの素、水 2 カップを入れて火にかける。
2. 合びき肉はボールにとり、ドライハーブミックスを加えてよく混ぜ合わせる。親指大に丸めて、煮立った 1 に加える。
3. ブーケガルニを入れて煮込みます。

＊ポイント

2 の肉を細長く成型し、小麦粉、卵、パン粉につけて揚げるとハーブトンカツに。

七味唐辛子（和風スパイスブレンド）

[材料]

・白ゴマ…小さじ 2
・黒ゴマ…小さじ 1
・粉サンショウ…小さじ 3
・陳皮（ミカンの皮）…小さじ 3
・青海苔…小さじ 1
・粉赤トウガラシ…小さじ 3
・ケシまたはアサの実…小さじ 1

[つくり方]
白ゴマをすり鉢でする。次に陳皮を入れてよくすり、残りの材料を加えて混ぜる。
＊ポイント
・陳皮は冬ミカンの皮をよく洗って乾燥したものを使います。

ハーバルチキン

[材料]
・チキン…1羽（約2kg）
・フレッシュハーブミックス（パセリ、セージ、マジョラム、タイム）…合わせて大さじ3
・スープセロリ…カップ2
・タラゴン（ドライ）…小さじ1
・バター…60g
・ガーリック…2片
・タマネギ…中2個
・生パン粉…100g
・ロースハム（ミンチ状）…100g
・塩、こしょう　少々
[つくり方]
1. チキンは塩、こしょうしておく。
2. フライパンにバターを溶かし、みじん切りのガーリック、タマネギを茶色になるまでよくいためる。
3. 乱切りしたスープセロリ、ミックスハーブ、ミンチしたハム、生パン粉を加えてよくいためる。
4. チキンの腹に3を詰め込んで口を金串でとめ、オーブンや直火で約60分焼く。
＊ポイント
・ロースハムは肉屋さんでミンチ状にしてくれます。できないときは、みじん切りでも。

★ハーバルチキン簡単版★

[材料]（2人分）
・鶏ムネ肉…2枚
・ガーリック…1かけ（好みで）
・エルブドプロバンス…大さじ1
・塩、こしょう…少々
・オリーブオイル…適宜
[つくり方]
1. 鶏肉はひとくち大に切り、塩、こしょうしておく。
2. エルブドプロバンス（パウダー）と少量のオリーブオイルを1全体によくまぶす。
3. フライパンにサラダオイルを入れ、つぶしたガーリックを加えて火にかけ、香りが移ったところで鶏肉を焼く。

＊ポイント
エルブドプロバンスはフランスプロバンス地方のハーブのことです。乾燥したタイム、ローズマリー、バジル、マジョラム、セボリーのブレンドです。フレッシュでもドライの分量の3倍用意するとできます。同量ずつを基本に、いろいろ試してみてください。

クリスマスツリー

[材料]
・チキンネット…適宜
・針金…適宜
・ドライハーブ（数種）…多めに
・常緑樹・ハーブの枝（ユーカリ、マジョラム、タイム、セージ、ローズマリー、ティートリー、マートルなど）…適宜
・飾り用オーナメント（オレンジポマンダー、エッグポマンダー、トウガラシなど）…適宜
[つくり方]
1. チキンネットを左右から丸めて円錐型に成型し、針金で固定する。
2. テーブルにおいてバランスをとりながら底の部分を外側に少し丸め安定させる。
3. ツリーの下から順に常緑ハーブの枝を少しずつ重ねながら結び付けていく。1周したら2段目、3段目と上に重ねていく。一番上まで結び、ツリーの形になったら好みのオーナメントをところどころにつける。
4. チキンネットの内側にドライハーブをぎっしり詰め込む。
＊ポイント
・チキンネットはホームセンターなどで切り売りしてくれます。
・ドライハーブはぎゅうぎゅう詰め込むと、安定感が出て香りもしっかりとしてきます。

クリスマスベルポプリ

[材料]
・ローズマリーとローズヒップ
・ローズとラベンダーポプリ（73頁参照）
・ベル型ガラス容器
[つくり方]
1. ローズマリーは枝を乾燥しておく。
2. ガラス容器にローズマリーの枝とローズヒップを詰め込む。
3. ローズ・ラベンダーポプリをオーガンジーで包み、丸めて底の穴に詰め込む。

収穫したドライハーブでできるクラフト

冬は乾燥され濃縮したハーブの香りが自然にブレンドされ、さらに心地よく穏やかに家中に広がり、無意識のうちに体のすみずみまで浸透していきます。
室内にこもりがちな冬こそ、収穫したドライハーブでクラフトに打ち込める時期です。

ハーブ石鹸

無香料、無着色の石鹸はほどよく適度に汚れを落とし、ハーブの天然の殺菌、保湿効果ですべすべのお肌に。合成洗剤と異なり排水は微生物が処理してくれ、地球の環境にも悪影響を与えることが少ないのです。

ハーブ化粧水

乾燥リコリス（カンゾウ）を使った化粧水は、ほてったり炎症を起こしたトラブル肌をしっとり落ち着かせてくれます。手づくりパックやピーリング剤のベースにもなり便利です。

防虫袋

化学合成品と異なり刺激臭もなく安心です。自然の香りなので、衣類を取り出してすぐに着ることができます。

アイピロー（右側）

ハーブのリラックスさせる香りとともに、フラックスの適度な冷たさと重さが疲れた目にとてても気持ちがいいのです。

香りのしおり

好みの香りを入れたしおりは、本を開くたびに香ります。真夏の太陽とラベンダー畑がよみがえります。

欧風鍋つかみ

オーブン用手袋のように大きすぎず、指になじんで使いやすく、食卓に置いてもちょっとおしゃれです。熱い鍋をつかむたびにほんのりとハーブが香ります（写真左）。

香りのハンガー

ワイヤーハンガーのリサイクルです。衣類を着るときのかすかな香りが心地よく、防臭・防虫効果もあります。ワタを詰めた弾力のあるハンガーは衣類にも負担をかけません。

セージのピンクッション

セージは針のサビを防ぐといわれます。ドライセージの葉を使います。

フルーツポマンダー

庭仕事を終えた晩秋、屋内の楽しみはフルーツポマンダーつくりからはじまります。ただひたすらフルーツにクローブを刺していく過程で部屋中に漂う香りは、わが家の 11 月の香りとして定着しています。季節の移り変わりをしみじみと感じるのもこんなときです（写真はヒメリンゴを使用）。

ハーブ石鹸

[材料]

・無香料無着色石鹸（粉状、粒状）…200 g
・ハチミツ…小さじ2
・オリーブオイル…小さじ1
・ラベンダー…10 g

[つくり方]

1. ラベンダーを容器に入れ熱湯150 mlを注ぎ、30分そのまま置いておく。
2. 粒状の石鹸はミキサーにかけるか乳鉢ですり、できるだけ細かく粉状にする。
3. 1が冷めたら漉してハーブエキスを取る。
4. 細かくした2のソープベースをボールに入れ、3を加えて手でよく混ぜる。さらにハチミツ、オリーブオイルを加えて耳たぶ程度の固さになるまで調節する。
5. 好みの形に成型する。新聞紙の上に割りばしを置き、その上に石鹸をのせ風通しのよいところで1週間～10日くらい乾燥する。

＊ポイント

・ベースとなる粉状・粒状石鹸は、スーパーなどでも手に入る洗濯用の粉石鹸でできます。手づくり石鹸用のソープベース（粒状）をハーブショップや通販などで求めてもよいでしょう。
・ラベンダーをバラ、ミント、カモミール、ローズマリー、セージなどに変えてつくるのもおすすめです。

ハーブ化粧水（リコリスの化粧水）

[材料]

・リコリス根のドライ（別名カンゾウ）…大さじ1
・精製水
・密封できる瓶

[つくり方]

1. リコリスに精製水200 mlを注ぎ、そのまま一昼夜おいて水出しする。
2. 清潔な瓶に入れて冷蔵庫で保存し、1カ月程度で使い切る。

＊ポイント

・リコリスは必ず水出しします。かゆみ成分の抽出を避けるためです。
・リコリスはドライの市販品も入手しやすいので、試してみてください。

防虫袋（ハーバルモスバッグ）

[材料]（5個分）

・ドライハーブミックス
（ミント…30 g、ワームウッド…10 g、ローズマリー…30 g、タンジー…10 g、タイム…15 g、クローブ…5 g）
・木綿布（20 × 20 ㎝）…5枚
・リボンまたはひも

[つくり方]

1. ドライハーブミックスを5等分する。
2. 1を直径20 ㎝の円形にカットした布に包み、リボンをつけてドレッサーにさげる。

＊ポイント

・タンジーやワームウッドはできれば入れます。
・日本では湿度の高い夏に虫が発生することもありますから注意してください。

アイピロー（アイマスク型）

[材料]

・フラックス（亜麻のタネ）…30 g
・木綿布（25 × 12 ㎝）…2枚
・リボン（幅1 ㎝くらい）　30 ㎝…1本
・綿…少々
・ドライハーブ（ラベンダー、カモミール、ミントのブレンド）…大さじ4

[つくり方]

〈型紙〉（縫い代含む）

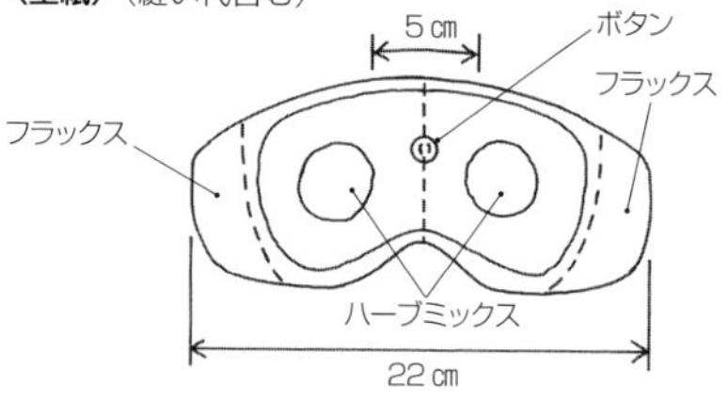

1. 布を裁断して中表に合わせて周囲を縫い合わせる。このとき上部を5 ㎝くらいあけておく。
2. 布を裏返して左右部にフラックスを半量ずつ入れる。中央に綿を入れる。
3. 綿の中、ちょうど眼球がくるところにポプリを入れ落ち着かせる。

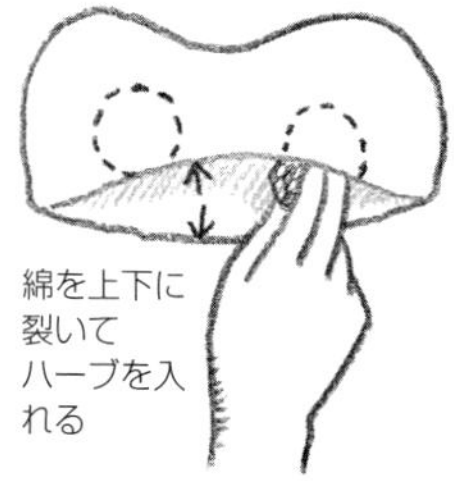

4. 上部の5 ㎝を縫い合わせ、中心線を縦に縫って縫い目の上をリボンで覆い、中央にボタンをつける。

香りのしおり

[材料]

- リボン（長：３㎝幅）30㎝…１本
- リボン（短：３～５㎜幅）４㎝…１本
- ラベンダー…小さじ１
- ボンドのり…少々

[つくり方]

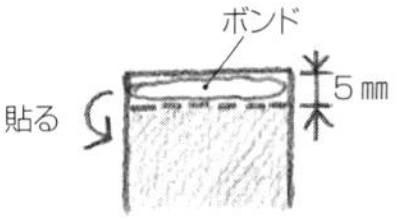

1. 長いリボンの長辺の両端をそれぞれ５㎜幅に内側に折り、ボンドでとめる。

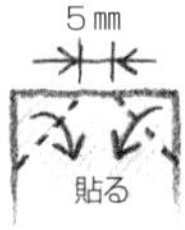

2. 図のように真ん中を５㎜程度開けて、両端の角を三角形に折り、ボンドで貼り付ける。反対側も同様に。

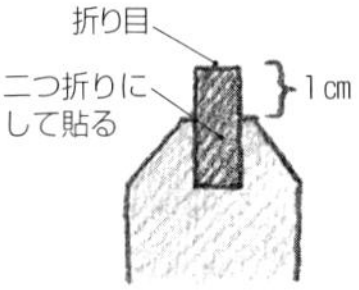

3. 長いリボンの端の中央に短いリボンを二つ折りにしてボンドで貼る。

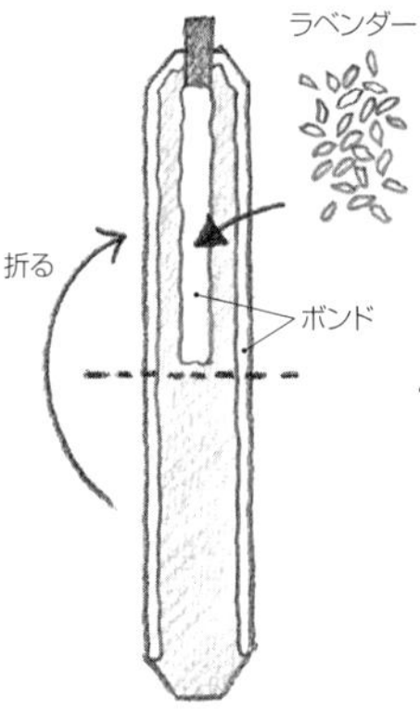

4. 長いリボンの中央にボンドを塗り、半分の長さにラベンダーをのせ、指で押さえて貼る。二つ折りにして端をボンドでとめる。

欧風鍋つかみ（南仏風）

[材料]

- 木綿布
  （表布、模様入り）20 × 20㎝…２枚
  （裏布、無地）20 × 20㎝…２枚
- 綿（板状詰め綿）20 × 20㎝…２枚
- リボンまたはバイヤステープ 10㎝…２本
- ドライハーブ（ラベンダー、ミント、レモングラス、レモンバーベナ、レモンバームなど）…10ｇ

[つくり方]

〈型紙〉

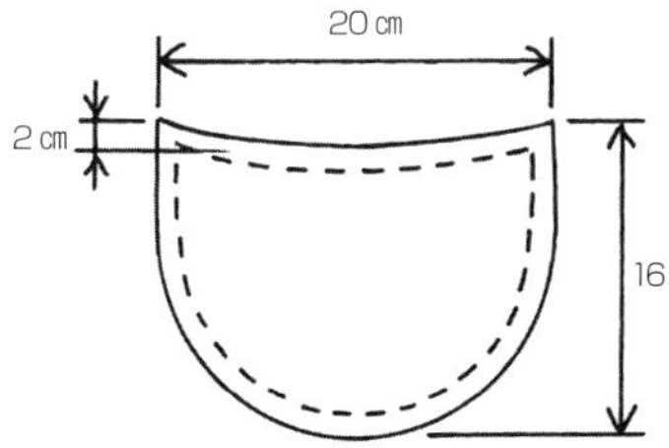

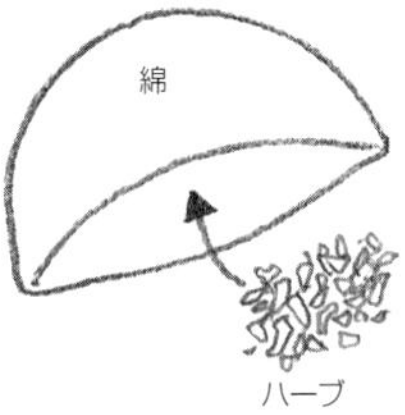

1. 表布、裏布、綿を型紙の形に切る。
2. 綿を両端からつまんで中に空間をつくって、ラベンダーを平らに入れる。

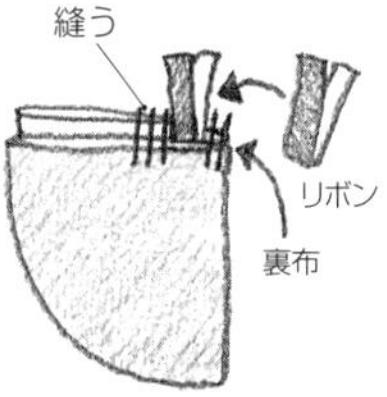

3. 裏布、表布、綿の順に重ねて点線（縫い代５㎜）に沿って縫い合わせる（表布と裏布は中表に）。
4. ３を裏返して（綿は一番内側になる）口を縫い合わせ、裏地を外側にして二つ折りに。

5. リボンを半分に折って表布の折り目の内側に輪を中にして挟み、型紙の点線のように縫い合わせる。
6. 全体を裏返してできあがり。

香りのハンガー

[材料]

- ワイヤーハンガー…１本
- 布（45 × 15㎝）…１枚
- 綿（薄い板状）…１枚
- ドライハーブ（ラベンダーまたはミント）…10ｇ
- 茶袋…２枚
- リボン＆レース…少々
- ボンド

[つくり方]

1. ワイヤーハンガーの形を下図のように整える。

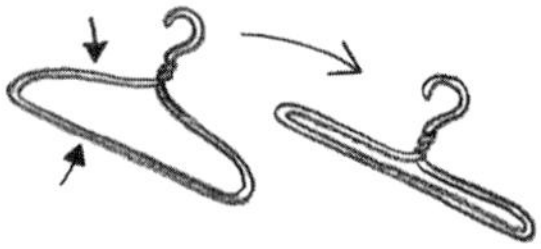

2. 布の長辺を３㎝幅で切り取り、縦横半分に折り目をつけ、折り目が重なった中央の部分に横１㎝の切れ込みを入れる。

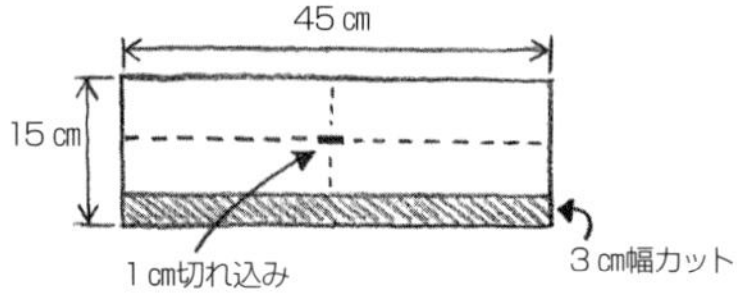

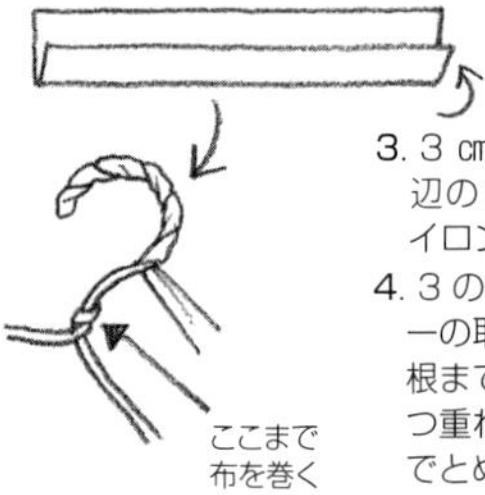

3. ３㎝幅に切った布は、長辺の３分の１を折ってアイロンする。

4. ３の布をワイヤーハンガーの取っ手の先端から付け根まで、らせん状に少しずつ重ねながら巻き、ボンドでとめる。

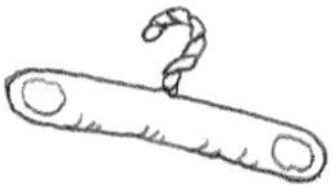

5. 板状の綿も２の布と同様に裁断し、中央に切り込みを入れる。茶袋に入れたハーブを両側にひとつずつ入れ、ハンガーに重ねる。

6. ２の布を中表二つ折りにして、両端をハンガーの大きさに合わせてしっかり縫い合わせ、裏返す。これをハンガーの取っ手から綿の上にかぶせてハンガーを包み込む。

7. 布の下同士を縫い閉じ、リボンを付け根部分に巻いて装飾する。

＊ポイント

・入れる綿の厚さでハンガーの厚さを調節できます。
・ワイヤーハンガーは２本どりでつくるとしっかりして重量に耐えます。

セージのピンクッション

[材料]

・ドライセージ…３ｇ
・フェルト（緑／10 x 10㎝）…２枚
・リボン（12㎝幅× 15㎝）…１本
・綿…少々

[つくり方]

1. フェルトを直径９㎝、直径６㎝の大きさにカットする。
2. 直径６㎝のフェルトの周囲（３㎜内側）を縫って絞り、中に綿に包んだセージを詰め、直径９㎝のフェルト中央に縫いつける。
3. 周囲をリボンで装飾する。

フルーツポマンダー

[材料]

・オレンジ、ヒメリンゴ、キンカン、ユズ、レモンなど
・クローブ…適量
・シナモンパウダー…適量

[つくり方]

1. オレンジなどフルーツは硬い小ぶりのものを選び、よく洗ってワックスを落とし乾かす。

2. フローラルテープを十文字にかける。

3. ５㎜くらいの間隔をとり楊枝で穴をあけ、クローブを刺し込んでいく。

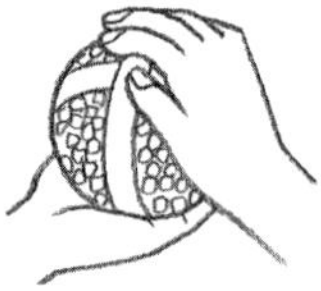

4. 全面に刺し終わってからしっかりと、おにぎりをつくるときの要領で押さえる。

5. フローラルテープを取り除いて風通しのよいところで乾燥する。途中、時々握ってオレンジの果汁とクローブがよく混じり蒸発するようにする。車中やコタツ、エアコンなどでよく乾燥できる。

6. よく乾燥して軽くなったら、アルコールをスプレーし、シナモンパウダーを振りかけてリボンをかける。

＊ポイント

・ヨーロッパでは初夏から夏によくつくられますが、日本では乾燥した秋から冬にかけてつくると失敗なくつくれます。
・５の乾燥中にカビを出してしまうことがあります。毎日観察して蒸れないようにケアし、カビが出そうなときはアルコールスプレーしておきます。

PART 3
ハーブを もっと**楽**しむ

ハーブガーデンの年間カレンダー

作業など	月	1月	2月	3月	4月	5月
栽培	タネまき (52頁参照)			春まき●	●	● 定植△
栽培	土つくり (42,51頁参照)	土おこし■	■ 堆肥すきこみ■	■ 元肥■	■ それぞれ10日間ほど間をあける	
栽培	収穫 (11,60頁参照)	耐寒性のあるハーブは冬でも収穫可				
栽培	開花・摘芯 (60頁参照)					
栽培	冬囲い、鉢上げ (84頁参照)			冬囲いを取る 鉢上げしたハーブを移植		
栽培	乾燥 (84頁参照)					
栽培	挿し芽 (61頁参照)					▽
栽培	取り木 (61頁参照)					◇
栽培	株分け (61頁参照)		▼	▼		
利用	フレッシュ					
利用	ドライ					
おもな料理						フレッシュハーブサラダ フィーヌセルブ利用
クラフト			ドライポプリ	●イースターエッグ ポマンダー ●イースターハットポプリ		

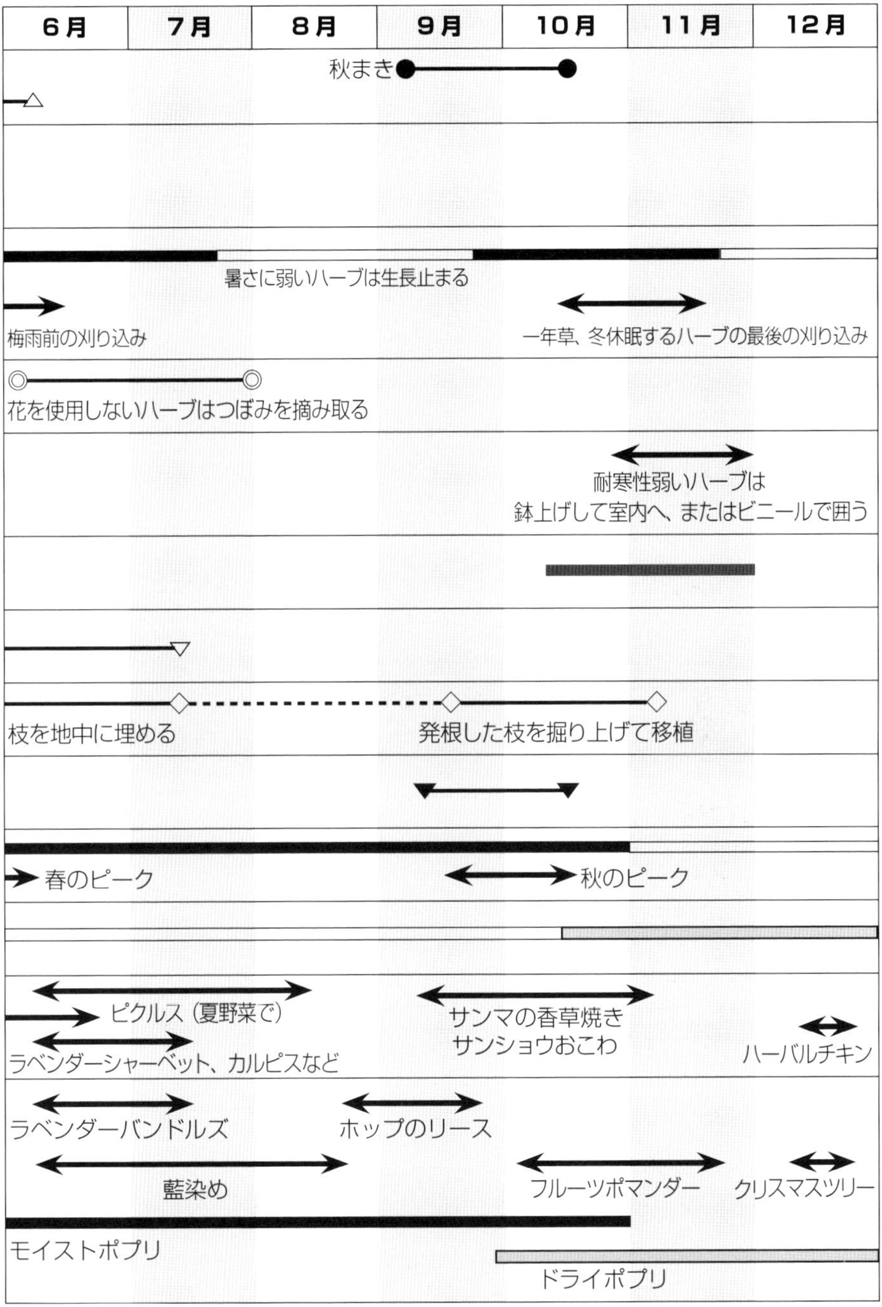
6月
7月
8月
9月
10月
11月
12月
秋まき
暑さに弱いハーブは生長止まる
梅雨前の刈り込み
一年草、冬休眠するハーブの最後の刈り込み
花を使用しないハーブはつぼみを摘み取る
耐寒性弱いハーブは
鉢上げして室内へ、またはビニールで囲う
枝を地中に埋める
発根した枝を掘り上げて移植
春のピーク
秋のピーク
ピクルス（夏野菜で）
ラベンダーシャーベット、カルピスなど
サンマの香草焼き
サンショウおこわ
ハーバルチキン
ラベンダーバンドルズ
ホップのリース
藍染め
フルーツポマンダー
クリスマスツリー
モイストポプリ
ドライポプリ

ハーブを料理に使うポイント

ハーブを使うのは洋風料理、と決めつけるのはもったいないことです。何にでも気軽に使っていくことによって、自分なりの使い方が見つかり、磨かれていきます。ただし、ハーブにはそれぞれ相性のいい材料、成分を生かす使い方があります。おもなハーブの利用の仕方を表にまとめましたので参考にしてください。

ハーブを料理に使う際は、なるべく金気のある包丁は避けるほうが、色よく使えます。フレッシュで使うときは、料理の直前に収獲し、そのつど使い切ります。

[おもなキッチンハーブの利用法]

ハーブ名	フレッシュ	ドライ（加熱に向く）	肉料理（豚・牛・マトンなど）	鶏肉料理	魚料理	卵料理	豆料理	備考
オレガノ	△	○	○	○	○	○		トマト・チーズ・バジルと合う。ドライのほうが香りよい
コリアンダー	○	○ （タネ）	○	○	○	○	○	肉や魚の臭み消しに
サマーセボリー	△	○	○	○	○	○	◎	豆料理・煮込み料理に
サラダバーネット	○	×						サラダ用ハーブ
セージ	○	○	◎	○	○	○	○	豚肉との相性が最高
セロリ	○	○ （タネ）	○	○	○	○		生の茎はブーケガルニで煮込みに
タイム	○	○	○	○	○	○		ブーケガルニの材料
タラゴン	○	×						フィーヌゼルブ用。ビネガーに香りを移してもよい
チャービル	○	○ （タネ）	○	○	○	○	○	どんな料理にも合う。フィーヌゼルブ用
チャイブ	○	×	○	○	○	○	○	どんな料理にも合う。フィーヌゼルブ用
ディル	○	○ （タネ）			○			魚料理に。タネはピクルスに
バジル	○	×		○	○			トマト、パスタ、ピザに。オイル、ビネガーにも合う
イタリアンパセリ	○	×	○	○	○	○		フィーヌゼルブ用。どの素材にも合う
フェンネル	○	○			○			葉は魚、ピクルスに。タネはお菓子にも使う
ボリジ	○	×						葉・花を生でサラダに
マジョラム	○	○	○	○	○		○	ブーケガルニの材料
ローズマリー	○	○	○	○	○			オイル・ビネガーにも合う
ロケット	○	×						サラダ、付け合わせに
ロベージ	○	×						サラダ、付け合わせに
ローレル	×	○	○	○	○			ブーケガルニ用。

私が普段の料理に使っているアイデアを、ほんの一例紹介しましょう。

いつもの料理が手軽にグレードアップ！

●ネギの代わりにチャイブ
チャイブはネギに比べてマイルドな香りなので、ネギのツンとした匂いが苦手な方にもおすすめ。みじん切りを冷凍しておき、みそ汁、玉子焼き、納豆にも使います。

●インスタントラーメンが上品な味わいに
インスタントラーメンにブラックペパーとローリエ１枚をちぎってのせ、熱湯を注ぐだけ。臭みが消え上品な風味に。

●ローズマリー風味のフランスパン
フランスパンに斜めに数カ所包丁を入れ、ローズマリーの枝を挟んでオーブンであたためるだけ。香りがパンにほんのり移ります。好みのハーブで試してみてください。

●何にでもパセリを！
パセリはどんな料理にもよく合い、飾りや添えものにも便利。みじん切りにしたパセリはスープに散らし、炊き上がったご飯、卵焼き、天ぷらの衣にも混ぜて風味づけに。栄養価が高いので少量を少しずつ、食べる回数を多くして栄養補給します。

●天ぷらを香りよく、食べやすくするミックスハーブ
天ぷらは揮発性の香り、不揮発性の香り、双方が引き出されるハーブの最高の調理方法です。ドライハーブミックス（パセリ、セージ、ローズマリー、セボリーなど）を少量ずつミルサーなどで細かくし、天ぷら粉に混ぜて保存しておきます。油の臭みがとれ、香りは食欲をそそり、消化も促進します。どんな揚げものにも合います。

●魚の煮付けに
イワシ、カジキマグロ、ギンダラ、サバなど、いつもの魚がひと味違います。ディルとサンショウの実、梅干を入れてしょうゆと砂糖で甘辛く煮つけ、仕上げにフェンネルの生葉を添えます。

ハーブの香りを生かした料理

●トマトの冷製スープ
完熟トマト、オレガノ、生ガーリック（少量）、オリーブオイル、食パン、セロリを混ぜてミキサーにかけます。盛り付けて塩、こしょうし、バジルの葉を浮かします。

●ホタテのトマトハーブソース添え
ホタテをバター、ガーリックで焼いておきます。タマネギとトマトを細かく刻んでいため、オレガノ、ローズマリーの刻みを少量入れて煮込みます（ソース）。これを焼いたホタテにかけ、チャイブを飾ります。

●卵のハーブ煮
ゆで卵をまずつくり、タイム、オレガノ、ローリエ、トウガラシ、ブラックペパーとしょうゆ、酒で長時間煮込みます。お弁当やお酒のおつまみに。ルバーブの大きな葉の上に盛り付けるとおしゃれ。

●ガーリックの姿煮
ガーリックを形を崩さずに薄皮をむいて、コンソメスープとタイム、オレガノ、トウガラシ、ブラックペパー、塩少々を入れた土鍋で水分がなくなるまで煮込みます。

●イカのバター焼き
イカはワタをとり、食べやすい大きさに切ってみじん切りのガーリックとバターでいためます。
仕上げにパセリ、マジョラムのみじん切りを少々振りかけ、あればルバーブの大きな葉に盛り付けます。

●ポークソテー
豚肉（ロース肉）はブラックペパーと塩をふりかけておきます。みじん切りのガーリックとサラダオイル、バターをフライパンに入れ火をつけ、香りが立ってきたら肉とハーブミックス（パセリ、タイム、セージ、オレガノ）のみじん切りを加えて焼いてできあがり。

スパイス・プチ入門

香りのある料理の材料として、ハーブと切り離せないのがスパイスです。スパイスは熱帯アジア産の辛い乾燥したものばかりを想像しますが、実は「植物を原料にしていて、料理に①臭み消し、②香りづけ、③辛みづけ、④着色などのよい作用をもたらす食品」というような、とても広い概念です。本書で紹介したハーブも料理用の“スパイス”として販売されていることも多いのです。

ここでは本書でハーブとして取り上げなかったスパイスで、基本的で普段の料理に幅広く使える10種を紹介します。

スパイス使用のコツ

- スパイスは、単品よりも何種類かをブレンドして熟成すると香味がマイルドになります。３種類以上をブレンドし、冷暗所で寝かせておくと香りが熟成して、さらによくなります。同じような成分をもったスパイス同士をブレンドします。
- スパイスはホール（形が残っている状態）で買うのをおすすめします。使う直前に砕くと風味が損なわれません。
- できるだけ小瓶で買って密封し、直射日光や、湿気のない冷暗所に保存します。
- 使い残して古くなったスパイスは、ポプリやクラフトに利用しましょう。お風呂に入れてもよい香りがし、薬効を利用できます。

スパイス名	効　果	効　果･用　途
オールスパイス	香りづけ、防腐	クローブ、シナモン、ナツメグの３種のスパイスを合わせたような香りが名前の由来。粉末を菓子類（クッキーの生地などに練り込む）に、ホールは煮込み料理やマリネに。肉類に合う。
ガーリック	臭み消し、防腐、食欲増進	どんな食材とも相性がいい。つぶす、切るなどして組織を破壊すると酵素の働きで薬効、香りが出てくる。肉の臭みとりには下ごしらえのとき、香りづけには油を加熱しはじめたときに使う。
カルダモン	香りづけ、消化促進	インド料理（カレー）によく使われる。甘い味つけの料理や焼き菓子などの香りづけに向くが、やや強い香りなので使う量は少なめに。さやに入ったままコーヒーや紅茶に入れて香りづけにする（アラブの習慣）。
クローブ（丁子）	殺菌、臭み消し、香りづけ、消化促進	甘い香りと辛みがあり、肉料理、スープ、煮込み料理の際に少量使うと深みのある風味になる。スライスしたオレンジに１個のクローブを刺してウィスキーに浮かべたり、ホットワインの香りづけにするなど、用途は広い。
シナモン	香りづけ、防腐	クローブとナツメグに似た香りでお菓子と相性がいい。スティックのまま紅茶に入れ香りをつけたり、粉末をお菓子の仕上げに振りかける。粉砂糖を１カップにシナモンパウダー 10 g程度を混ぜたシナモンシュガーは紅茶やお菓子つくりに便利。
ジンジャー	臭み消し、香りづけ、辛味づけ、食欲増進	タンパク質を分解する消化酵素を含んでいて肉・魚を柔らかくする。酵素は熱に弱いので料理の下ごしらえに使うと効果的。甘みとも相性がよく、粉にしたものをクッキー、パン、ケーキなどのお菓子に。
ターメリック（ウコン）	黄色の着色とクルクミンの摂取	カレー粉の黄色の着色に使う。成分のクルクミンは大腸がんの予防効果や老年病予防、肝臓強化作用がある。おすすめはターメリックライス。油に溶けやすいので米３合にターメリック小さじ１、赤トウガラシ１本、サラダオイルを少々加えて炊き込む。
ナツメグ／メース	臭み消し、香りづけ、消化促進	甘い香りとほろ苦い味があり、ひき肉と相性がいい。ハンバーグやミートローフに使うが、臭み消し効果は弱いので、シナモン、クローブ、オールスパイスなどと合わせて使うとよい。
パプリカ	赤色の着色とカロチンの摂取（抗酸化作用）	含まれる栄養成分はピーマンの数十倍といわれ、少量で十分な栄養がとれる。油によく溶けるので、辛くないラー油、マヨネーズ、スープ、ドレッシング、チーズなど油を含む料理の色づけに。
ブラックペパー	防腐、臭み消し、辛味･香りづけ	ホールのまま保存しておき使うときにひくと風味がよい。肉料理はもちろん、アイスクリームにふりかけて牛乳の臭みをとったり、パパイヤやマンゴーなど果物に振りかけてもよい。

ハーブはわが家の救急箱 ―メディカルハーブとしての使い方

本書で紹介してきたハーブを、薬用として手軽に利用する方法としては、市販されているエッセンシャルオイルの使用があります。しかし、エッセンシャルオイルは非常に濃縮されたエキスなので、量を誤ると副作用を起こすこともあります。専門家のアドバイスを受けて、ごく少量を使ってください。

ここでは、庭で取れたフレッシュまたはドライのハーブを使った、手軽な薬用の方法をいくつか紹介します。わが家でも家族皆で実践しています。

●万能のミント

万能でどんな症状にも効能があるといわれます。ティーはお腹の調子がすぐれないとき、頭痛のするとき、気分のすぐれないとき、消化不良や胃が痛むときに飲むと、症状が改善されます。濃いティーに砂糖を入れた浸出液をつくりおきして冷蔵庫に入れ、毎日少しずつ薄めて飲むのもよい方法です。鼻づまりや疲労感などにも。

●心落ち着かせるラベンダー

鎮静効果が高く、イライラや興奮状態のとき、眠れないとき、心を穏やかにしてくれます。ティーの他、匂い袋に入れて部屋のあちこちに置くなど、あらゆるところで使えます。花のドライを常に側に置いておきたものです。

●夜に飲むハーブティー

ハーブティーはアルカリ性でノンカフェインです。夜に飲んでも眠りを妨げることはありません。夜にリラックスするティーとして、とくにミント、カモミール、ラベンダーなどがおすすめです。

●冬のハーブティー

低温･乾燥やミネラル･ビタミン不足で風邪など病気になりやすい冬。保温、強壮、免疫力アップ効果のあるハーブティーでのりきりましょう。おすすめはローズヒップ（ドックローズの果実、ビタミンC）、タンポポの根（ミネラル、強壮、コーヒーにして）、エキナセア（免疫力アップ）、マロウ（免疫力アップ）、ジャーマンカモミール（保温、風邪の寒気や頭痛に）、マリーゴールド（皮膚や粘膜保護）、ユーカリ（花粉症、気管支炎などを鎮める）。

●免疫力を高める
エキナセア・セージ・タイムのチンキ

チンキとは、アルコールにハーブの成分を浸出させた液体のことです。40度以上のアルコール（ウォッカ、ホワイトリカー）にエキナセアの根、セージ･タイムの葉を2週間漬け込み、ガーゼでこして絞って保存しておきます。茶さじ1杯くらいをお湯で薄めて毎日数回飲んでおくと免疫力が高まり、風邪を予防します。抵抗力が弱くなり、風邪やインフルエンザが流行する冬のわが家の必需品です。

●血圧高めの方、集中力高めたい方に
ローズマリーティー

コレステロール、血圧の高い方のハーブといわれており、少しずつ続けて飲みます。覚醒効果があるので夜間は避け、昼間に飲むことをおすすめします。ローズマリーには記憶力を高め、老化防止作用があるといわれますから、食べたり飲んだり活用します。

●強壮にセージティー

強壮効果があります。常日ごろハーブティーとして飲んでおくと、気力が充実します。私のバイタリティーの源。

●美肌にローズウオーター

バラの精油成分には収斂、消炎、強壮作用があり、化粧水にすると美肌効果抜群。ニキビや炎症、小さな傷などにも効果的です。バラの花びら1.5カップに熱湯600mlを注いで蓋をしてそのまま2時間放置し、布でこすと完成です。保存は冷蔵庫で。早めに使い切ります。とてもよい香りです。

その他のおすすめハーブリスト

ここではハーブ図鑑（16 ～ 32 頁）で紹介しきれなかった、私おすすめのハーブを簡単に紹介します。おもに観賞用(庭の彩り)、コンパニオンプランツ、クラフト用に役立つハーブです。

名　前	科	分　類	利用部位	魅力・利用ポイント・栽培のコツ	増やし方
アカシア （ミモザ）	マ　メ	非耐寒性～半耐寒性常緑低～高木	花	２月に黄色い花を樹いっぱいに咲かせる。ガーデンの装飾用に、また乾燥させてポプリの原料にも。	タネ 挿し木
アスパラガス	ユ　リ	耐寒性 多年草	茎	コンパニオンプランツとしてトマトとパセリの生育をよくする。春から夏に取れる茎はビタミン、アミノ酸が豊富。利尿作用、疲労回復に役立つ。	タネ 株分け
アロエ・ヴェラ	ユ　リ	非耐寒性 多年草 多肉植物	葉	多肉質の葉の汁がやけど、乾燥、虫刺され、傷などの炎症に効く。乾燥した場所を好むので鉢植えが最適。	株分け
アンジェリカ	セ　リ	耐寒性 二年草	葉軸 葉 タネ	茎、葉軸は皮をむいてゆで、野菜として食べるが糖分を含むので糖尿病の人は避ける。新鮮な茎は砂糖漬けにしてお菓子のデコレーションに。ジャムやマーマレードをつくるときに少量入れると香りがよくなる。タネは酒の香りづけにも使う。半日陰の湿った土を好む。２ｍくらいに高くなるので株間を十分にとる。	タネ
イリス （オリス、ニオイアヤメ）	アヤメ	耐寒性 多年草	根	根を乾燥して刻んだ物がポプリの保留剤になる。半日陰でも十分育ち、春に香りのある花を咲かせる。２～３年生育した根茎を収獲し、乾燥させるとよい香りがするので、これを保留剤として使う。	株分け
イングリッシュアイビー （ヘデラ・ヘリックス）	ウコギ	耐寒性 つる性低木	－	庭園の装飾用に。つるを利用して壁やフェンスに這わせるときれい。秋は雨音かと思うほどタネがバラバラ落ちて増える。日陰にも乾燥にも強く便利。毒性があるので食用にはしない。	タネ 挿し木
エリカ （ヒース）	ツツジ	耐寒性～半耐寒性 常緑低木	茎葉	枝を切り取ってリースなどのクラフトに。花色が豊富でガーデンの装飾に最適。花はハーブティーにすると利尿効果がある。	挿し木
グラウンドアイビー （セイヨウカキドオシ）	シ　ソ	耐寒性 多年草	茎 葉	若葉をサラダなどに、乾燥葉を薬草茶に使える。丈夫で日向でも日陰でも育つ。ほふくして広がるので、庭の通路や花壇の縁取りに最適。ビタミンＣが多く、強壮、呼吸器系疾患の改善、利尿作用があり、胃腸、皮膚にもいい。	株分け 挿し芽 タネ
コットンラベンダー （サントリナ）	キク	半耐寒性 常緑低木	葉	こんもり丸く生長し、シルバーグリーンの葉色が美しく、庭の装飾用に最適。防虫効果があり、ドライの葉を布袋に入れて衣類の虫よけに使う。丈夫で栽培は容易。夏に黄色い花を咲かせる。	挿し木
サザンウッド	キク	耐寒性 多年草	葉	虫よけの作用があり、ガーデンに数カ所配置したい。汁を体につけると蚊よけになるといわれる。耐寒性があり育てやすく、細かい刻みの葉が美しくガーデンの彩りにも最適。ドライの葉を衣類の防虫剤に使う。	株分け 挿し芽
サフラン	アヤメ	半耐寒性 多年草	柱頭	秋に青・紫の香りのいい花を咲かせる。乾燥させためしべは黄色の着色料として各種料理に使う。	球根
ストロベリー （イチゴ類）	バ　ラ	耐寒性 多年草	果実	春に果実を食用に収獲でき、コンパニオンプランツとしても活躍。レタスやタマネギ、ホウレンソウなどと相性がいい。モンシロチョウやアブラムシを遠ざける。キャベツ類やローズマリー、タイムなどとは相性が悪い。	ランナーの株分け
ソレル	タ　デ	耐寒性 多年草	葉	サラダや煮込み料理に使われる。ビタミンＣが豊富で酸味がある。蓚酸を多く含むので食べ過ぎに注意。リューマチ、関節炎，痛風、腎臓結石などの方は食べないこと。	株分け
ティートリー	フトモモ	半耐寒性 常緑低木	葉	葉に爽やかな香りがある。細かい葉は観賞用として最適。食用、飲用にはしない。	挿し木

名　前	科	分　類	利用部位	魅力・利用ポイント・栽培のコツ	増やし方
ハニーサックル	スイカヅラ	耐寒性落葉 つる性低木	ー	花は香りがあり、ポプリの材料になる。庭に蜂を呼び込む。つる性なので塀や壁、フェンスに絡ませる。	挿し木
ハマナス	バ　ラ	耐寒性 落葉低木	偽果	偽果（実）は各種ビタミン、タンニンを含み、ティー·食用にできる。耐寒性があり丈夫。花色と香りがよく、庭の彩りとして最適。	挿し木
バ　ラ	バ　ラ	耐寒性 落葉低木	花 偽果	香りのある品種（オールドローズなど）を選ぶ。花びらをガクから外してポプリの材料に。花を同量の砂糖と適量の水、ペクチンで煮てジャムにできる。熱湯を注いで浸出液をつくり化粧水にすると美肌に効果的。	挿し木
ヒソップ	シ　ソ	耐寒性 常緑低木	葉 花	カラフルな花（ピンク、白・紫）ガーデンのアクセントに。葉はハッカのよう清涼な香りがし、葉·花はハーブティーに。花はポプリにも向く。	挿し木
フラックス（ア　マ）	ア　マ	一年草	茎 タネ	夏に青い可憐な花を咲かせる。タネがアイピローなどの中身に使える。茎の繊維質はリネンという布を織るのに使われた。	タネ
ペニーロイヤル	シ　ソ	耐寒性 多年草	花	食用不可。ガーデンのグラウンドカバーに。犬や猫の蚤予防効果があるのでドライにしてクラフトにする。首輪など。	タネ
ベルガモット（モナルダ、タイマツハナ）	シ　ソ	耐寒性 多年草	葉 花	花がベルガモットオレンジの香りに似ており、サラダの彩り、ポプリに使える。葉はティーにもなる。ハチを呼び込む。庭の装飾用に最適。胃腸を整え、鼓腸や吐き気に効果がある。	株分け
ボックス（ヨーロッパツゲ）	ツ　ゲ	耐寒性 常緑低木	ー	庭の生垣に。刈り込むときの香りがいい。蒸れに弱いので、常に風通しよく刈り込みする。毒性があるので食用にはしない。	挿し木
ホ ッ プ	ク　ワ	耐寒性 つる性 多年草	茎 花	精神鎮静作用があり、花をティーにして飲む。また、つるを編んでリースに。花はビールの香りづけに使われる。半日陰でもよく育つ。樹下に植えると木に絡みつきながら伸びる。ネットに這わせると夏の日よけに。	タネ
マートル	フトモモ	半耐寒性 常緑低木	葉	ウメに似た花を初夏から咲かせる。花は食用、ポプリに、葉は料理、リースなどのクラフトに使える。消炎、鎮静、抗菌作用がある。	挿し木
マスタード（マスタードグリーン）	アブラナ	一年草	葉	ピリッとした辛味のある葉をサラダなどに入れる。秋まきがおすすめ。いろいろな品種があり、ブラウンマスタードのタネはスパイスとなる。抗菌作用がある。	タネ
マ ロ ウ（ウスベニアオイ）	アオイ	耐寒性 多年草	花	乾燥させた花をティーにすると美しい紫色に。レモンを加えるとピンク色に変わり、色の変化の楽しみがある。冷たい飲み物やお酒に入れてもよい。葉はゆでておひたしに。背が高くなるので庭の後方に植える。各種ビタミンが豊富で喉の痛みと気管支に有効。抗炎症剤、緩下剤にも。	タネ
ラムズイヤー	シ　ソ	耐寒性 多年草	花	ふわふわの細長い葉がかわいらしく、観賞用として最適。乾燥を好むのでロックガーデンに。ドライにしてポプリやクラフトに使える。	株分け タネ
ル　ー	ミカン	半耐寒性 常緑低木	葉	強い香りがあり、ガーデンの虫よけの効果がある。バラとは相性が悪いので近くには植えないこと。食用はできない。	タネ 挿し木
レディスマントル（アルケミラ）	バ　ラ	耐寒性 多年草	葉	抗炎症効果があるので葉をティーにすると喉の痛みや口内の炎症によい。冷涼で乾燥した気候を好むのでロックガーデンに。雨期は蒸れないように刈り込む。他のハーブと逆で石灰質の土壌を嫌うので、植える場所の土壌 pH に注意。	株分け
ローズゼラニウム	フウロソウ	非耐寒性 低木	葉	香りは鎮静作用があり、ホルモンバランスを整える。葉は乾燥してポプリに、生葉はケーキを焼くときなどに使う。変種が多くシナモン、レモン、チョコレート、パイナップルなどの香りの品種がある。冬は鉢上げして室内で管理。	挿し木
ローゼル	アオイ	一年草 （暖地では 多年草）	花の ガク	酸味の調味料 , 赤色の着色料、ティーとして使われる。11 月に花を咲かせるが、寒さに非常に弱く屋外では咲かない。必ず鉢上げして、日当たりのいい室内で秋から管理する。	タネ
ワームウッド	キ　ク	耐寒性 多年草	葉	丈夫で細かい刻みの葉は美しく、ガーデンの装飾に、また虫よけに最適。キャベツにつくモンシロチョウを退け、ニンジンの生育を助けるが、セージ、フェンネルなどの生育を妨げるので、少し他の植物とは離して植える。ドライは衣類の防虫剤に。	株分け 挿し芽

和のハーブのすすめ

日本で昔から薬味・薬草として使われてきた植物たちも魅力的です。昔から日本の土壌に適応してきたので育てやすく、丈夫です。多くの西欧のハーブが日陰やじめじめした気候を苦手とするのに対して、日本のハーブは、むしろこうした環境に適しているものが多いのです。私も木陰や建物の陰になるところは小さな日本のハーブコーナーにしており、重宝しています。ここでは私の庭にあるものや、利用しやすいものを紹介します。

ハーブ名	科	分類	増やし方	魅力、利用・栽培の仕方	注
ア イ（タデアイ）	タ デ	一年草	タネ	藍染めの原料になる。生葉染めなら家庭でも手軽にできる。夏、生長してきたら早めに刈り込んで収獲すると年に３回は収獲できる。	△
ウコン	ショウガ	多年草	根茎	根が黄色の着色料となる他、粉にして飲むと健胃効果も期待できる。日陰でも育てやすく、初夏に咲く花も美しい。	◎
ウ ド	ウコギ	多年草	根茎	若い茎は食用に、根は薬用に使われる（鎮痛、消炎、利尿、発汗作用）。煎じて飲んだり、風呂に入れたりして楽しむ。	○
ゴ マ	ゴ マ	一年草	タネ	強壮に。薬用としては黒ゴマが使われる。	
サンショウ	ミカン	落葉低木	タネ、苗、挿し木	葉は生で香りづけに、夏～秋にとれるタネは乾燥させてひくと粉ザンショウになる。殺菌、防腐、健胃作用がある。	△
シ ソ	シ ソ	一年草	タネ	防腐力の強い香り成分を含み風邪、魚による中毒に効能がある。葉に含まれるシアニジン色素は酸と反応すると紫紅色になる。シソ科のハーブの多くは消臭・防臭効果をもっており、口臭予防や消臭剤などに使われる。	○
ショウガ	ショウガ	多年草	根茎	根茎に殺菌、発汗、去痰作用がある。乾燥と寒さに弱いので暖かくなってから植え、十分水やりする。連作を嫌う。	△
ショウブ	サトイモ	多年草	株分け	端午の節句の菖蒲湯でおなじみ。アヤメ科の花菖蒲とは別の植物。根茎を浴用に使うと神経痛、リュウマチに効く。肥沃で湿り気のある土で育てる。	△
ソ バ	タ デ	一年草	タネ	アミノ酸、ビタミン豊富で、粉にしての利用の他、タネをいって茶にしても飲みやすい。栽培期間が約２カ月と少ないのも魅力。	△
トウガラシ	ナ ス	一年草	タネ、苗	辛味成分のカプサイシンには減塩効果、アドレナリンの分泌を盛んにして肝臓の脂肪を燃焼する作用もあるのでやせる効果も期待できる。日当たりを好む。	△
ナンテン	メ ギ	常緑低木	タネ、挿し木	実は咳止めに広く利用される。葉は防腐効果があり料理に添えられる。丈夫で育てやすいが乾燥を嫌う。	○
ニ ラ	ユ リ	多年草	タネ、株分け	栄養価がとても高く、強壮、精力増進、下痢止めにも。庭に植えると独特の香りで害虫を退ける。一度植えると数年間は収獲できる。	○
ハッカ（和種薄荷）	シ ソ	多年草	タネ、株分け	日本古来のミント。西洋のペパーミントなどに比べてメントールの割合が高い。殺菌、リフレッシュ、健胃作用がある。栽培はミント類と同じ。	○
ヒマワリ	キ ク	一年草	タネ	タネは栄養価が高く、花、葉には健胃・血圧降下作用があり、根・茎にも薬効があるといわれる。タネはいって食用に、花・葉は乾燥して茶にするとよい。日当たりを好む。	△
ベニバナ	キ ク	二年草	タネ	タネの脂肪油は血液中のコレステロールを下げる事で知られている。初夏に咲く花は黄色、赤色の染料の他、乾燥してお茶にすると冷え症、関節痛にいい。	△
ミツバ	セ リ	多年草	タネ	ビタミン、ミネラル豊富で香りは鎮静、食欲増進、不眠症改善効果がある。半日陰のジメジメしたところでよく育つ。	◎
ミョウガ	ショウガ	多年草	根茎	香り成分は消化促進、血行促進効果がある。夏の料理の薬味、入浴剤にするとよい。暑さと乾燥に弱い。	○

注）耐陰性（◎日陰で育つ　○半日陰でも育つ　△日陰にやや弱い）

ハーブ名別さくいん

（**太字**はおもな解説頁）

あとがき

アメリカの女性化学者、レイチェル・カーソンの著した『沈黙の春』は、私にとって忘れられない１冊です。無制限な化学農薬の使用が人類だけでなく生態系すべてを壊し、やがて「花も咲かない、小鳥もさえずらない沈黙の春が来る」という警告を目にし、20歳の私は衝撃を受けました。私の心の奥底に、大量消費が加速する今の生活のままでいいのだろうか、という漠然とした危機感がくすぶりはじめました。しかし若かった私は、その後アメリカで便利で豊かな生活にどっぷりつかって青春を謳歌するうちに、そんな思いも忘れてしまいました。

それから十数年後、偶然ハーブに出会い、その香りに魅せられて夢中で育てはじめました。ハーブとともに暮らす中で、ようやくカーソンの言葉を思い出し、植物と向き合いゆっくり暮らす今の自分の生き方そのものが、カーソンの鳴らした警鐘に対する無意識に生み出した自分なりの答えなのだと、考えるようになりました。これからも肩肘はらず自然体で、かすかな光を発信していくつもりです。

この本では「もっと身近に、もっと手軽に」をモットーに、ハーブを毎日の暮らしに楽しく生かすヒントをまとめました。どれも私が普段行なっていることばかりです。本書が多くの皆様のお役に立ち、ハーブのパワーを実感していただくきっかけになれば幸いです。

また、本書はたくさんの方々のお力添えがあって完成することができました。本を書くことを推薦してくださった岡田蘭園の岡田弘氏、細部にわたりご指導いただきました農文協編集部、レイアウトの條克己氏、カメラマンの赤松富仁氏、イラストレーターの角愼作氏に心からお礼申し上げます。加えていつも私の庭を愛し支え、厳しい意見と助言をしてくれる最大の理解者、夫の紘一郎と息子、久人に感謝いたします。

2007年3月

北川　やちよ

**ハーブのタネ
クラフト材料
ドライハーブ
などの入手先**

㈱ カリス成城
〒157-0066
東京都世田谷区成城
6-15-15
TEL：03-3483-1960
FAX：03-3483-1973
ホームページ：
http://www.charis-herb.com/

【スタッフ・協力者一覧】
写真 / 赤松 富仁
イラスト / 角 愼作

写真提供
（50音順、敬称略）
新井裕之
25頁「ボリジ」
上田善弘
23頁「ドッグローズ」
（株）サカタのタネ
18頁「サマーセボリー」、19頁「サラダバーネット」、21頁「タラゴン」「チャービル」、22頁「ディル」、27頁「マロウ」
條 克己
16頁「エキナセア」
瀧田勉
32頁「ロケット」
藤目幸擴
27頁「ミント類・ペパーミント」

[著者略歴]

北川やちよ（きたがわ　やちよ）

群馬県桐生市在住。NPO法人JHS（ジャパンハーブソサエティー）認定上級ハーブインストラクター。講談社カルチャースクール（KCS）・ポプリ講師。スパイスコーディネーター。
アメリカへの留学をきっかけに、ハーブの香りにひかれ、20年前から独学でハーブを栽培、利用法を研究してきた。毎日の生活の中にハーブを活かす、心豊かで香りあふれる暮らし“ハーバルライフ”を提案し、多くの生徒に伝えている。

ハーブス・ジャパンホームページ
http://www.herbsjapan.com/

自然派ライフ

四季のハーブガーデン *育てて楽しむ香りの暮らし*

2007年3月31日　第1刷発行

著者　北川やちよ

発行所　社団法人 農山漁村文化協会
郵便番号　107-8668　東京都港区赤坂7丁目6－1
電話番号　03（3585）1141（代表）　03（3585）1147（編集）
FAX　03（3589）1387　振替　00120-3-144478
URL. http://www.ruralnet.or.jp/

ISBN　978-4-540-06195-0　製作／條　克己
〈検印廃止〉　印刷／㈱東京印書館

製本／笠原製本㈱
Printed in Japan 定価はカバーに表示

乱丁・落丁本はお取り替えいたします。

[参考文献]

- 『ハーブ&スパイス』 サラー・ガーランド著、福屋正修訳　誠文堂新光社
- 『原色百科世界の薬用植物Ⅱハーブ事典』Dr.マルカム・スチュアート原編著　エンタープライズ株式会社
- 別冊ＮＨＫ趣味の園芸『病気と害虫ハンドブック』　ＮＨＫ出版
- 『The　Encyclopedia of SPICES』CRECENT BOOKS AND FLAVORINGS New York
- 『ROSEMARY VEREY′s GARDEN PLANS』FRANCES LINCOLN
- 『スパイスのサイエンス』『スパイスのサイエンス　パートⅡ』武政三男著　文園社
- 『メッセゲの薬草療法』モーリス・メッセゲ著　自然の友社
- 『80のスパイス辞典』武政三男著　フレグランスジャーナル社
- ＮＨＫ学園通信講座　ハーブ専科テキスト　ＮＨＫ学園
- 『ポプリ　香りを楽しむ』熊井明子著　家の光協会
- 『薬草カラー図鑑（続、続々）』伊沢一男著　主婦の友社
- 『シェイクスピアのハーブ』熊井明子著　誠文堂新光社
- 『愛のティザーヌ』熊井明子著　緑の文明社
- 『生活の絵本　No.9　winter2000』　パッチワーク通信社
- 『スパイス塾　50のスパイスと100のレシピ』武政三男、園田ヒロ子著　グラフ社
- 『土作り入門（生活シリーズ335）』主婦と生活社
- 『「からだ」と「心」に効く入浴健康術』白倉卓夫著　東亜同文書院
- 『AMERICAN COUNTRY COOKING』Clarkson N Potter,Inc　New York
- 『ハーブ・スパイス館』　小学館
- 『花も好き好き、野菜も相性』ルイーズ・ライオット著　講談社出版サービスセンター
- 『ハーバリズムのすすめ』衣川湍水著　フレグランスジャーナル社
- 『農業技術大系　野菜編』（農山漁村文化協会）